数据结构实践教程

主　编　周　莹　郑　茵
副主编　刘志宝　王　珂　王婷婷
参　编　郭桂杰　朱伟华　孙文武

东北大学出版社
·沈　阳·

图书在版编目（CIP）数据

数据结构实践教程／周莹，郑茵主编．—沈阳：东北大学出版社，2014.7
ISBN 978-7-5517-0631-5

Ⅰ．①数…　Ⅱ．①周…　②郑…　Ⅲ．①数据结构—教材　Ⅳ．①TP311.12

中国版本图书馆 CIP 数据核字（2014）第 141083 号

出 版 者：东北大学出版社
　　　　　地址：沈阳市和平区文化路 3 号巷 11 号
　　　　　邮编：110819
　　　　　电话：024-83687331（市场部）　83680267（社务室）
　　　　　传真：024-83680180（市场部）　83680265（社务室）
　　　　　E-mail：neuph@neupress.com
　　　　　http：//www.neupress.com
印 刷 者：沈阳中科印刷有限责任公司
发 行 者：东北大学出版社
幅面尺寸：185mm×260mm
印　　张：10.5
字　　数：256 千字
出版时间：2014 年 8 月第 1 版
印刷时间：2014 年 8 月第 1 次印刷
策划编辑：郭爱民
责任编辑：潘佳宁　　　　责任校对：孙　爽
封面设计：刘江旸　　　　责任出版：唐敏志

ISBN 978-7-5517-0631-5　　　　定　价：29.00 元

前　言

“数据结构实践教程”是计算机专业中一门重要的专业基础课程，主要面向计算机软件设计、项目管理、数据库管理等行业，培养从事计算机软件的开发、管理、维护等岗位工作的应用型人才。分析当前高职学校计算机类专业群的工作岗位、人才的职业能力、工作任务和工作内容，确定典型工作任务，建立基于工作过程的课程体系。在课程体系中，确定“数据结构”课程在各专业培养计划中的支撑作用，据此进行教学内容、教学模式和教学方法的设计，以追求更好的教学效果。

本书以项目为导向，以任务驱动模式组织教学，工学结合，其宗旨是将数据结构与算法设计有机地结合起来，系统介绍了数据结构的基本概念及主要的算法设计方法。将数据结构算法更立体的应用到实践中。提高学生的动手能力、创新能力以及就业能力。通过项目的设计，让学生在模拟工作岗位中担任各自的角色，为就业打下良好的基础。

本教材具有以下特点：

（1）新教材体现了以学生发展为本的教育理念；

（2）新教材以“任务驱动法”为体例，有利于学生进行探究性学习；

（3）为提高教材的适用性，所选项目内容丰富，能使学生产生浓厚兴趣，从而增强学习积极性。

本书共分 6 个学习情境，分别介绍了线性表、栈和队列、树和二叉树、图以及常用的排序和查找方法。通过学习，学生应能够理解数据结构的概念，掌握线性结构、树形结构和图形结构的基本存储方式、基本算法和简单应用，熟练掌握常用的排序和查找的算法，并能进行简单的算法分析。本书编写的原则是着眼于实用、注重发展。

参加本书编写的有吉林电子信息职业技术学院周莹、郑茵、刘志宝、王珂、王婷婷、郭桂杰、朱伟华、孙文武。周莹、郑茵参与编写全部学习情境，刘志宝、王珂、王婷婷、郭桂杰、朱伟华、孙文武依次编写学习情境一、二、三、四、五、六。周莹、郑茵担任主编，刘志宝、王珂、王婷婷担任副主编，郭桂杰、朱伟华、孙文武参与编写。在编写的过程中，得到许多同行的支持和帮助，在此表示衷心的感谢！

由于编者水平有限，书中难免有不妥之处，敬请广大读者批评指正。

编　者

目 录

学习情境1 学生成绩管理系统的构建

学习情境2 航空客运订票系统的构建

学习情境1

学生成绩管理系统的构建

“学生成绩管理系统”工作任务单

项目名称	项目1：学生成绩管理系统 （课外：考试报名管理系统）		
学习领域	数据结构的两种存储结构		
班级		小组成员 第（　）组	

一、目的

通过完成本工作任务，使学生能够根据用户需求合理选择数据结构，并能制定出合理的算法设计方案。本项目的实质是完成对学生成绩信息的建立、查找、插入、修改、删除等功能，可以首先定义项目的数据结构，然后将每个功能写成一个函数来完成对数据的操作，最后完成主函数以验证各个函数功能并得出运行结果。

二、要求

1. 根据需求给出该项目的数据流分析；
2. 根据需求制定数据存储的表示；
3. 完成该项目的算法设计；
4. 实现该项目的具体功能及测试；
5. 提交项目成果。

三、环境要求

软件：Visual C++ 6.0

四、工作内容

1. 每个学生的信息包括：学号、姓名、性别、出生年月、成绩、科目、电话等。系统能够完成对学生成绩信息的查询、更新、插入、删除、排序等功能。

2. 作为模拟系统，全部数据可以只存放在内存中。

3. 通过此系统可以实现如下功能。

① 排序。按不同关键字，对所有学生的成绩信息进行排序。

② 查询。按特定条件查找学生的相关成绩。

③ 更新。按编号对某个学生的某项信息进行修改。

④ 插入。加入新学生的信息。

⑤ 删除。按编号删除相关的学生成绩信息。

1.1 任务1：

数据结构的基本概念

1.1.1 子任务1：什么是数据结构

目前，计算机已广泛地应用于情报检索、事务管理、系统工程等领域。与此相应的，计算机加工处理的对象也从简单的纯数值型信息发展到数、字符、字符串、表、文件、图像、声音等各种复杂的、具有一定结构的数据。人们称前者为数值问题，而后者为非数值问题。

非数值问题要求用复杂的数据结构来描述系统的状态，它们的运算是实现对数据结构的访问或修改。当前要设计出效率高、可靠性强的非数值程序，要求程序设计人员不但要掌握一般的程序设计技巧，而且还必须研究计算机程序加工的对象，即研究各种数据的特性以及数据之间的关系，这就促进了数据结构这一学科的发展。然而，数据必须在计算机中进行处理，因此，不仅要考虑数据本身的数学性质，还必须考虑数据在计算机内的存储方式和相应的运算，从而扩大了数据结构研究的范围。随着数据库系统、情报检索系统的不断发展，在数据结构领域中又增加了文件结构，特别是增加了大型文件的组织和 B 树、B + 树的知识，使得数据结构逐步成为了一门比较完整的学科。

什么是数据结构呢？先举一个简单的例子予以说明，然后再给出明确的定义。

假定有一个学生成绩管理系统，记录了某班级学生的姓名和相应的成绩等信息，现要求设计一个算法：当给定某一位学生的姓名时，计算机能够查出该学生的成绩及相关信息，如果根本就没有这个人，计算机也能报告“查无此人”。

这种任务称为“查找”。我们可以发现，这个算法的设计完全依赖于学生成绩管理系统中姓名和相应信息在计算机内的存储方式。

一种方法是学生成绩管理系统中学生的姓名是随意排列的，其顺序没有任何规律。那么，当给定一个姓名时，就只能从学生成绩管理系统的第一个姓名开始，逐个与给定的姓名进行比较，直至找到指定的姓名，接着打印出他的相关成绩信息，或者查完整个学生成绩管理系统还没找到此人，这时应给出相应的标志。这种方法很简单，当学生人数较少时是可行的，但对于一个学生人数较多的情况来说，就相当费时间且效率太低。

上述学生成绩管理系统的组织方式问题就是一个数据结构问题，不同的数据结构，得出不同的算法。由此可见，计算机的算法与数据结构密切相关，即每一个算法无不依赖于具体的数据结构，而数据结构直接影响着算法的选择和算法的效率。

通过以上讨论可以直观地认为，数据结构是一门研究程序设计中计算机操作的对象以及它们之间关系和运算的一门学科。

几种基本的数据结构是集合、线性结构、树形结构和图形结构。

1.1.2 子任务2：数据结构相关术语

(1) 数据(Data)

计算机中的数据是广义的，包括了数、字符、字符串、表、文件等，声音、图形、图像都属于数据的范畴。

(2) 数据元素(Data element)

数据元素是数据的基本单位，即数据集合中的个体，在计算机程序中通常作为一个整体来考虑和处理。每个数据元素可以只有一个数据项，通常称为域(field)，也可以由若干个数据项组成。例如，学生成绩管理系统中，每个学生的情况为一个数据元素，而其中的学号、姓名、成绩，年龄等信息分别称为数据项。数据项是数据的最小单位。数据元素的同义语有结点(Node)，顶点(Vertex)和记录(Record)等。

(3) 数据对象(Data object)

数据对象是性质相同的数据元素的集合。它是数据的一个子集，例如，整型数据对象是集合{0，±1，±2，…}。数据对象可以是有限的，也可以是无限的。

(4) 数据结构(Data structure)

同一数据对象中的数据不是孤立的，而是彼此相关的。数据结构研究的是数据元素之间抽象化的相互关系和这种关系在计算机中的存储表示。对每种结构定义各自的运算，设计出相应的算法。

数据结构与数据对象不同，在描述一种数据结构时，不但要描述数据对象，还要描述数据元素之间的相互关系。

1.2 任务2：

数据结构的两种存储结构

1.2.1 子任务1：数据结构的分类

严格地说，数据结构包括两方面的内容：数据的逻辑结构(Logical structure)和数据的物理结构(Physcical structure)。

(1) 数据的逻辑结构

数据的逻辑结构指各数据元素之间的逻辑关系，是用户按使用需要建立起来，并呈现在用户面前的数据元素的结构形式，如图1.1所示。

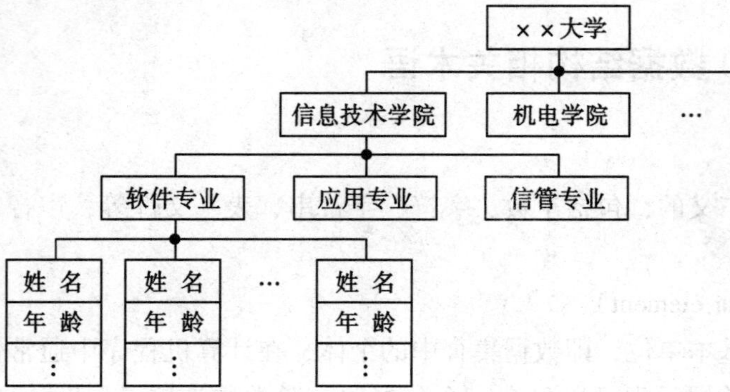

图 1.1 数据的逻辑结构

(2) 数据的物理结构

数据的物理结构又称为数据的存储结构，是指数据在计算机内实际的存储形式。举例来说，如果要建立某学院教师的人事档案，其逻辑结构如图 1.1 所示，它实际上是一种树形结构。要把这些数据存储到计算机中，不仅要考虑数据存放的先后次序，还要考虑那些反映教师各种情况的数据项，如姓名、年龄、工资……如何在计算机中存放，即要考虑数据的物理结构。

数据的逻辑结构和物理结构是密切相关的。我们将会看到，在有的结构类型中这二者是一致的，有的则是不一致的。为了叙述上的方便和避免产生混淆，常把数据的逻辑结构简称为数据结构，将数据的物理结构称为存储结构。

每种数据结构都可通过映象的方式得到相应的存储结构。常用的映象方式有两种：顺序映象和非顺序映象。由此，可得出两种不同的存储结构：顺序存储结构和链式存储结构。

顺序存储结构是借助元素在存储器中的相对位置来表示数据元素之间的逻辑关系，链式存储结构则是借助指示元素地址的指针表示数据元素之间的逻辑关系。

人们也常常用 Hash 和索引方式映象，从而可得到 Hash 存储结构和索引存储结构。

(3) 数据类型（Data type）

数据类型是程序设计语言中各变量可取的种类。各种程序设计语言不仅规定了每种类型变量的取值范围，而且还规定了该类型变量能执行的运算。有些语言允许由内部类型构造出新的数据类型。可以把数据类型看作是程序设计语言中已经实现的数据结构。

数据结构是在程序设计语言的基础上由用户建立起来的，它依靠程序设计语言提供的数据类型来描述数据的逻辑结构，也依靠程序设计语言提供的各种设施来定义，描述运算及其算法。这些运算按实际问题的需要由用户自己定义，而不是由语言系统事先规定。因此，数据类型和数据结构的主要区别是：前者面向系统，后者面向对象，是高一层的数据抽象。如果程序设计语言提供有抽象数据类型设施，则二者可以统一起来。

(4) 抽象数据类型（Abstract data type）

抽象数据类型是指一个数学模型以及定义在该模型上的一组操作。抽象数据类型的定义仅仅取决于它的一组逻辑特性，而与它在计算机内的表示和实现无关，即不论其内部结构如何变化，只要它的数学特性不变，就不会影响其外部的使用。

在面向对象的程序设计（Object oriented programming）技术中，数据和对数据的操作是融合在一起的。一般借助“对象”来描述抽象数据类型，一旦定义了一个对象，就可使用对象的名字来说明变量，调用其中的操作，从而实现信息的隐蔽和封装。

抽象数据类型可以通过高级语言中已有的数据类型来表示和实现。

(5) 数据结构的运算

数据结构的主要运算包括以下几种：

① 建立（Create）一个数据结构的运算；

② 消除（Destroy）一个数据结构的运算；

③ 从数据结构中删除（Delete）一个数据元素的运算；

④ 把一个数据元素插入（Insert）到一个数据结构中的运算；

⑤ 对一个数据结构进行访问（Access）的运算；

⑥ 对一个数据结构进行修改（Modify）的运算；

⑦ 对一个数据结构进行排序（Sort）的运算；

⑧ 对一个数据结构进行查找（Search）的运算。

以上是主要运算，还有一些其他运算。

1.2.2 子任务2：数据结构的案例

【例1.1】电话号码查询系统。

信息技术学院	12020501
财经学院	12010601
国际交流学院	12030701
机电学院	12040801
材料学院	12050901
M	M

12020501	信息技术学院
12010601	财经学院
12030701	国际交流学院
12040801	机电学院
12050901	材料学院
M	M

操作对象：{单位名，号码}

关　　系：线性关系

算　　法：查询、插入、修改、删除……

【例 1.2】家谱树。

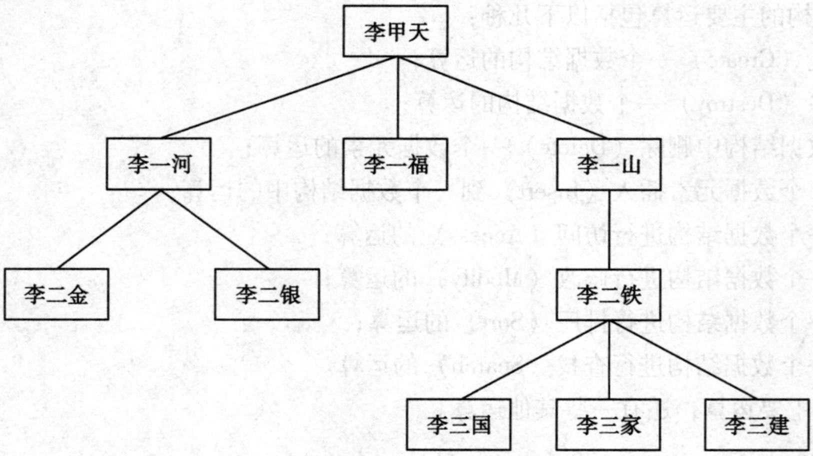

操作对象：家谱排序

关　　系：非线性关系（树形结构）

算　　法：查询、插入、修改、删除……

【例 1.3】多叉路口交通灯管理问题。

在多叉路口需设几种颜色的交通灯才能使车辆相互之间不碰撞，又能达到最大流通量。

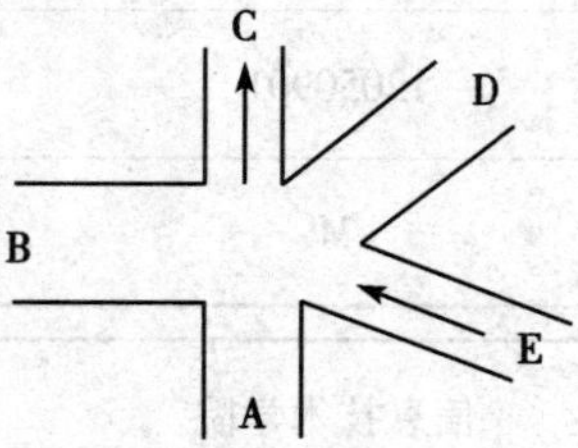

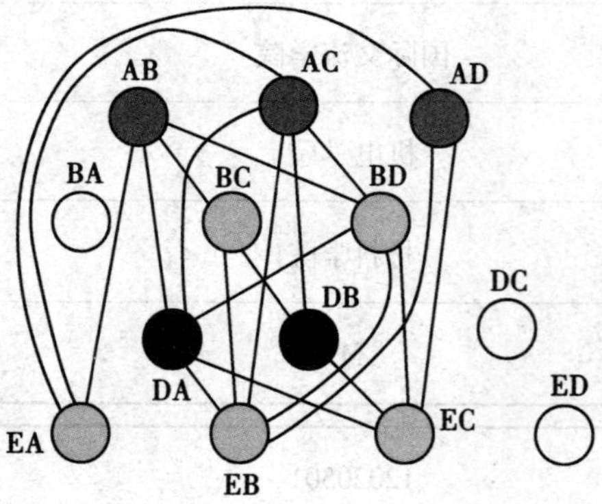

操作对象：通路

关系：非线性关系（图形结构）

算法：查询、插入、修改、删除……

1.3 任务3：

算　法

1.3.1 子任务1：算法的基本概念

算法（解决问题的方法）处理的对象就是数据。

算法与数据的结构密切相关，算法无不依附于具体的数据结构，数据结构直接关系到算法的选择和效率。程序设计的实质是对实际问题选择一种好的数据结构，加之设计一个好的算法。严格地讲，算法是对特定问题求解步骤的一种描述，它是指令的有限序列，其中每一条指令表示一个或多个操作。

1.3.2 子任务2：算法的特性

算法是执行特定计算的有穷过程，该过程有下述几个特性。

① 有穷性。当执行一个算法时，不论是何种情况，在经过了有限步骤后，该算法一定会终止。

② 确定性。算法中的每一条指令都必须是清楚的，执行算法时不会产生二义性。并且在任何条件下，算法只有唯一的一条执行路径，即对于相同的输入有相同的输出。

③ 输入。一个算法有零个或多个由外界提供的量。

④ 输出。一个算法产生一个或多个输出。

⑤ 可行性。算法是可行的，即算法中描述的操作都可以通过已实现的基本运算的执行来完成。

算法的设计要求如下。

(1) 正确性

算法应满足具体问题的需求。“正确”的含义在通常的用法中有很大的差别，大体可分为以下四个层次：

① 程序不含语法错误；

② 程序对于几组输入数据能够得出满足规格说明要求的结果；

③ 程序对于精心选择的典型、苛刻而带有刁难性的几组数据能够得出满足规格说明要求的结果；

④ 程序对于一切合法的输入数据都能产生满足规格说明要求的结果。

通常以第③层意义的正确性作为衡量一个程序是否合格的标准。

(2) 可读性

算法在正确的前提下，可读性是摆在第一位的，这在当今大型软件需要多人合作完成的环境下是至关重要的。另一方面，晦涩难读的程序易于隐藏错误而难以调试。

(3) 健壮性

算法应具有容错处理能力。当输入的数据非法时，算法应当恰当地做出反应或进行相应处理，而不是产生莫名其妙的输出结果。并且，处理出错的方法不应是中断程序的执行，而应是返回一个表示错误或错误性质的值，以便在更高的抽象层次上进行处理。

(4) 效率与低存储量需求

效率，指的是算法执行的时间（时间复杂性）；存储量需求，指算法执行过程中所需要的最大存储空间（空间复杂性）。一般这两者与问题的规模有关。

1.3.3 子任务3：算法分析及举例

一个算法的执行时间等于其所有语句执行时间的总和。而任一语句的执行时间为该语句执行一次所需时间与执行次数的乘积。要精确地计算各语句执行一次所需要的时间是十分困难的，因为它取决于执行算法的具体的计算机及其所配备的编译系统的质量以及运行的环境等众多因素。因此，在我们的分析工作中只是粗略地将算法中语句执行的最大次数（称为语句的执行频度）作为算法时间的量度，而不需要计算出它的具体执行时间。

设有以下三个程序段：

```
A     {x++;s+=x;}        (最大执行次数为1)
B     for(i=1;i<=n;i++)    (最大执行次数为n)
      {x++;s+=x;}
C     ①    for(i=1;i<=n;i++)    (最大执行次数为n²)
      ②      for(j=1;j<=n;j++)
      ③        {x++;s+=x;}
```

对于情况C，虽然只是一个语句，但是可以把它分为若干个子句。这样，既可使问题得到简化，又不影响分析的结论。其各步执行的次数如下：

行号	次数
①	$n+1$
②	$n\cdot(n+1)$
③	n^2

该语句总执行次数 $f(n)$ 为：

$$f(n)=2n^2+2n+1 \tag{1.1}$$

显然，执行次数 $f(n)$ 为 n 的函数，其中，n 为问题的规模，如线性表的长度、多项式的项数、矩阵的阶、图中的顶点数等。算法分析就是要确定 $f(n)$ 是 n 的什么函数，进而分析 $f(n)$ 随 n 变化的情况和确定 $f(n)$ 的数量级（Order of magnitude）。

一般认为，随着 n 的增大，函数 $f(n)$ 增长速度较慢的算法为优。同时用符号“o”来表示数量级的概念，则式（1.1）可表示为：

$$f(n)=o(n^2)$$

该式的含义是：在 n 较大时，该算法的执行时间和 n^2 成正比，或者说 $f(n)$ 数量级和 n^2 的数量级相同。$f(n)$ 称为算法的时间复杂度（Time complexity）。

根据以上分析，当给定一个算法时，总可以对其中每个语句的执行次数进行分析，并求出它的总和。这样便可得到一个多项式：

$$f(n) = c_k n^k + c_{k-1} n^{k-1} + \cdots + c_1 n + c_0$$

其中，c_i 为常数，$c_k \neq 0$，n 为一个参数，各项代表着不同的数量级。若取其最高数量级作为算法的数量级，即把算法中具有最大执行次数的语句的数量级作为算法的数量级，则有：

$$f(n) = o(n^k)$$

程序段 A 和 B 的时间复杂度分别为 o(1) 和 o(n)。

数量级 o(1)、o(n)、$o(n^2)$ 和 $o(n^3)$ 分别称为常量阶、线性阶、平方阶和立方阶，算法出现的数量级还可能有对数阶 $o(\log_2 n)$ 和指数阶 $o(2^n)$ 等。若一个算法执行的时间为 $o(\log_2 n)$，则当 n 充分大时，它比执行时间为 o(n) 的算法速度要快得多。同样 $o(n\log_2 n)$ 比 $o(n^2)$ 要佳，但不如 o(n)。这 7 个数量级的增长率由小到大的排列顺序为：

$$o(1) < o(\log_2 n) < o(n) < o(n\log_2 n) < o(n^2) < o(n^3) < o(2^n)$$

算法 1.1　两个 n 阶矩阵的乘法 C = A · B 的算法如下：

```
void maxtrixmult(int n,float a[],float b[],float c[])
{
    int i,j,k;
    float x;
    for(i=1;i<=n;i++)                          ①
    {
        for(j=1;j<=n;j++)                      ②
        {
            x=0;                               ③
            for(k=1;k<=n;k++)                  ④
                x+=a[i][k]*b[k][j];            ⑤
            c[i][j]=x;                         ⑥
        }
    }
}//maxtrixmult
```

算法中各语句的执行频度分别是：

① n + 1

② n(n + 1)

③ n^2

④ $n^2(n+1)$

⑤ n^3

⑥ n^2

则算法的时间复杂度为所有语句执行频度之和 $t(n) = 2n^3 + 3n^2 + 2n + 1$，故时间复杂度为 $o(n^3)$。

算法 1.2　判断任意整数 n 是否为素数的算法如下：

```
void prime(int n)
```

```
{
    int i = 2;
    while((n%i)!=0 && i*1.0 < sqrt(n))
        i++;
    if((n%i) == 0)
        printf("%d 不是素数\n",n);
    else
        printf("%d 是一个素数\n",n);
}
```

该算法的时间复杂度是由嵌套最深层的语句“i++;”的执行频度决定的，显然其执行频度小于 sqrt(n)，所以其时间复杂度是 $o(\sqrt{n})$。

算法 1.3　有算法如下：

```
sum(int n)
{
    int i,j,sum = 0;
    for(i = 1;i <= n;i++)
    {
        p = 1;
            for(j = 1;i <= i;j++)p *= j;
        sum += p;
    }
    return(sum);
}
```

算法 sum 嵌套最深层语句“p *=j;”的执行频度为：$1+2+3+\cdots+n=n(n+1)/2$，所以其时间复杂度是 $o(n^2)$。

对空间的分析也采用类似的方法，通常称为空间复杂度。

1.4　任务4：

提交项目报告

（1）子任务1：学生成绩管理系统的数据流分析。

（2）子任务2：学生成绩管理系统的数据存储表示。

（3）子任务3：算法设计。

（4）子任务4：实现学生成绩管理系统的功能及测试。

实训任务1

1-1 简述下列术语：数据、数据元素、数据对象、数据结构、数据类型。

1-2 举例说明数据结构与算法的关系。

1-3 数据的逻辑结构与存储结构有何区别与联系？

1-4 数据结构的主要运算包括哪些？

1-5 单项选择题

（1）数据结构是一门研究非数值计算的程序设计中计算机的操作对象以及它们之间的________的科学。

A. 结构　B. 关系　C. 运算　D. 算法

（2）________是数据的逻辑结构。

A. 顺序表　B. 链表　C. 线性表　D. 索引表

（3）元素的同义语是________。

A. 结点　B. 数据项　C. 字段　D. 数据域

（4）算法分析的目的是________。

A. 找出数据结构的合理性　B. 研究算法中的输入和输出的关系

C. 分析算法的效率以求改进　D. 分析算法的易懂性

（5）算法分析的主要方面是________。

A. 空间复杂性和时间复杂性　B. 正确性和简明性

C. 可读性和容错性别　D. 数据复杂性和程序复杂性

（6）从逻辑上可以把数据结构分为________两类。

A. 动态结构和静态结构　B. 紧凑结构和非紧凑结构

C. 线性结构和非线性结构　D. 内部结构和外部结构

1-6 分析以下程序段的时间复杂度。

（1）

```
a=0;b=1;
for(i=2;i<=n;i++)
{
    s=a+b;
    b=a;
    a=s;
}
```

（2）

```
i=s=1;
while(s<n)
{
    i++;
    s+=i;
```

```
}
(3)
i = 1;
while(i <= n)
    i = i * 3;
```

1-7 按增长率由小到大的顺序排列下列各函数：

$$2^{100},\ n^{2/3},\ n^{3/2},\ n^{1/2},\ n!,\ n,\ \log_2 n,\ \frac{n}{\log_2 n},\ \log_2{}^2 n,\ n\log_2 n$$

1-8 试写一个算法，顺序输入 3 个整数 X、Y 和 Z，然后按自小到大的顺序输出。

1-9 输入 3 个整数，试写出寻找中数的一个算法，并回答下面 2 个问题：

（1）在最坏情况下和平均情况下，算法分别做多少次比较？

（2）在最坏情况下，寻找 3 个数的中数至少需要做多少次比较？请说明结论的正确性。

1-10 已知二阶斐波那契（Fibonacci）序列定义如下：

$$f_0 = 0,\ f_1 = 1,\ f_n = f_{n-1} + f_{n-2} \quad (n \leqslant 2)$$

试编写算法求二阶斐波那契序列的第 n + 1 项。

学习情境2

航空客运订票系统的构建

“航空客运订票系统”工作任务单

<table>
<tr><td>项目名称</td><td colspan="3">项目2：航空客运订票系统的构建
（课外：停车场管理系统）</td></tr>
<tr><td>学习领域</td><td colspan="3">线性表、栈和队列的使用</td></tr>
<tr><td>班级</td><td></td><td>小组成员
第（ ）组</td><td></td></tr>
<tr><td colspan="4">一、目的
通过完成本工作任务，使学生能够根据用户需求合理选择数据结构，并能制定出合理的算法设计方案。能够完成栈的存储与实现及栈的应用，队列的存储与实现及队列的应用，以及线性表顺序存储结构和链式存储结构的具体操作。
二、要求
1. 根据需求给出该项目的数据流分析；
2. 根据需求制定数据存储的表示；
3. 完成该项目的算法设计；
4. 实现该项目的具体功能及测试；
5. 提交项目成果。
三、环境要求
软件：Visual C++ 6.0
四、工作内容
（1）每条航线所涉及的信息有：终点站名、航班号、飞机号、飞行日期（星期几）、乘员定额、余票量、已经订票的客户名单（包括姓名、订票量）以及等候替补的客户名单（包括姓名、所需票量）。
（2）作为模拟系统，全部数据可以只存放在内存中。
（3）通过此系统可以实现如下功能。
① 录入功能：可以录入航班情况。
② 查询功能：根据客户提供的终点站名进行查询，可以输出以下信息：航班号、飞机号、星期几飞行和余票量等。也可以根据航班号，查询飞机某个航线的情况。
③ 订票功能：根据客户提出的要求（飞行日期、终点站名、订票数量）查询该航班的余票量情况。如尚有足够的余票，则为客户办理订票手续；若已满员或余票量少于订票数量，则需要重新询问客户要求，如需要，可登记排队候补。
④ 退票功能：根据客户提供的情况（姓名、日期、航班号），为客户办理退票手续，然后查询该航班是否有人排队候补，若有人排队，则为排在第一位的客户办理订票手续。</td></tr>
</table>

2.1 任务1：

线性表的基本概念

2.1.1 子任务1：线性表的定义

线性表（Linear list）是一种最基本且最常用的数据结构。其本质特征是元素之间只有一维的位置关系。

线性表是n(n≥0) 个数据元素的有限序列。线性表可逻辑地表示为：

$$(a_1, a_2, \cdots, a_{n-1}, a_n)$$

其中：元素的个数n为线性表的长度。长度为0的线性表为空表。线性表中元素的具体含义在不同情况下有所不同，同一线性表中各元素的类型必须相同，通常抽象地记作Elementype。

例如，英文字母表（A，B，C，…，Z）是一个线性表，表中的数据元素是单个字母，表长为26。又如，一个班级中所有学生某门课程的成绩按顺序排列起来（98，96，90，85，…，56）也是一个线性表，表中的数据元素是整数。这两个线性表的元素都是由单个数据项组成的。

在比较复杂的线性表中，一个元素可以由若干个不同类型的数据项组成。在表2.1所示的电话号码簿中，每个元素由姓名、住址和电话号码3个数据项组成，而整个电话号码簿是由n个元素组成的线性表。由上述例子可见：① 同一线性表中的元素有相同的类型；② 数据元素之间相对位置是一维的或称为线性的。

表2.1　　电话号码簿表

序号	姓名	住址	电话
1	黄旭	民族路7号	88730206
2	闵锐	华中路73号	88731228
3	张菲	太平街21号	88756312
4	杨帆	桌刀路376号	88810229
5	杨贝宁	解放路888号	87651234
⋮	⋮	⋮	⋮

线性表的一个重要特点是可以根据各个元素在表中的不同位置定义它们在表中的前后次序。当 $n>0$ 时，a_1 是第一个元素，a_i 是第i个元素，a_n 是最后一个元素，而 a_{i-1} 是 a_i 的直接前趋（Immediate predecessor）($i=2, 3, \cdots, n$)，a_{i+1} 是 a_i 的直接后继（Immdiate successor）($i=1, 2, \cdots, n-1$)。除了 a_1 和 a_n 之外，每个 a_i 都有且仅有一个直接前趋和一个直接后继，a_1 没有前趋，a_n 没有后继。

在线性表中，若 $a_1 \leqslant a_2 \leqslant a_3 \leqslant \cdots \leqslant a_n$，该表称为递增有序表；若 $a_1 \geqslant a_2 \geqslant a_3 \geqslant \cdots \geqslant a_n$，

则这种表称为递减有序表；否则称为无序表。

线性表是一种非常简单的结构，可以根据需要改变表的长度，也可以对表中的任何元素进行访问，元素的插入和删除可以在表中的任何位置进行，还可以将两个表连接成一个表，或者把一个表拆分成两个或多个表等。

线性表的主要运算有：

（1）ListInit(&L)

初始化，即构造一个空的线性表L。

（2）ListLength(L)

对于给定的线性表L，函数返回值为其数据元素的个数。

（3）LocatElem(L，x)

若x在线性表L中，则函数返回L中第一个值为x元素在线性表中的位序，否则返回0。

（4）ListInsert(&L，i，e)

在线性表L中第i个元素之前插入新元素e，i的合法值小于等于1而大于等于表长加1。插入后线性表的长度加1。

（5）ListDelete(&L，i，&e)

从线性表L中删除第i个元素，并用e返回其值，i的合法值大于等于1，而小于等于表长，删除后线性表长度减1。

（6）GetElem(L，i，&e)

若1≤i≤n，则用e返回L中第i个数据元素的值，否则无意义。

（7）ListDestroy(&L)

将已存在的线性表L撤消。

（8）ListEmpty(L)

判断线性表L是否为空表，若L为空则返回1，否则返回0。

（9）ListClear(&L)

将已存在的线性表L置为空表。

（10）PreOrder(L，cur，&pre)

若cur是线性表L中的元素，且不是第一个，则操作成功并用pre返回它的直接前趋的值，否则操作失败，pre无意义。

（11）NextOrder(L，cur，&next)

若cur是线性表L中的元素，且不是最后一个，则操作成功并用next返回它的直接后继的值，否则操作失败，pre无意义。

（12）ListTraverse(L，visit ( ))

依次对线性表L中的每个数据元素调用函数visit( )。一旦visit( )失败，则操作失败。

2.1.2 子任务2：线性表的存储结构

在计算机内，可以用不同的方式来存储线性表，其中最常用的方式有顺序表（Sequential list）和链表（Linked list）两种。选择存储方式时，必须考虑在该表上将要进行何种运算。因为，对于同一运算来说，不同的存储方式，执行的效果是不同的。对于选定的存储结构，必要时还应估算算法执行的时间和所需要的存储空间。

2.2 任务2：

线性表的顺序存储及操作

2.2.1 子任务1：顺序表的概念

计算机内存储器是由有限个存储单元组成的，每个存储单元都有对应的整数地址，各存储单元的地址是连续编号的。若用一组地址连续的存储单元，依次存储线性表里各元素，就构成线性表的顺序存储结构，即顺序表，如图2.1所示。它的特点是逻辑上相邻的数据元素，其物理位置也是相邻的。线性表的顺序存储结构又常称为向量（Vector）。

在图2.1的存储结构中，假设每个数据元素占用1个存储单元，b为第一个元素的存储首址，则线性表中任意相邻的两个数据元素 a_i 与 a_{i+1} 的存储首址 $LOC(a_i)$ 与 $LOG(a_{i+1})$ 将满足下面的关系：

$$LOC(a_{i+1}) = LOC(a_i) + 1$$

一般说来，线性表第i个元素 a_i 的存储首址为

$$LOC(a_i) = b + (i-1) \times 1$$

此式表明，线性表中每个元素的存储首址都与第一个元素的存储首址b相差一个与序号成正比的常数。由于表中每个元素的存储首址可由上面简单的公式计算求得，且计算所需要的时间也是相同的，所以，访问表中任意元素的时间都相等，并且可以随机存取。

在表2.1所示的电话号码簿中，每个元素由3个数据项组成，即姓名、住址和电话号码，其顺序存储的机内表示如图2.2所示。

由于记录中各数据项不能通过下标值进行访问，因而若假设姓名需要占用x个存储单元，地址需要占用y个存储单元，整个元素需要占用1个存储单元，则第i个元素的地址和电话号码的存储首址可分别由下面的两个公式求得：

$$LOCN(i) = b + (i-1) \times 1 + x$$

$$LOCP(i) = b + (i-1) \times 1 + (x+y)$$

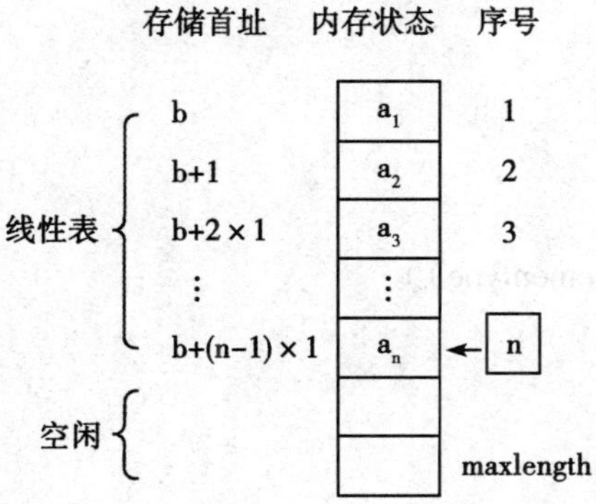

图2.1　线性表的顺序存储结构

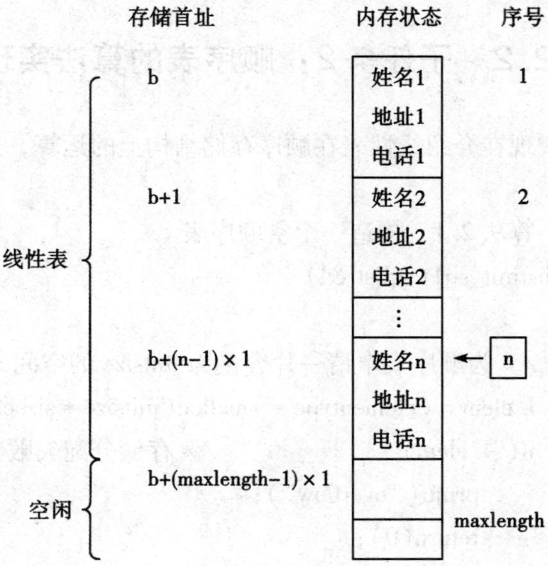

图2.2　电话号码簿的顺序存储结构

由于C语言中的一维数组也是采用顺序存储表示，故可以用C语言中动态分配的一维数组类型来描述顺序表。又因为除了用数组来存储线性表的元素之外，顺序表还应该用一个变量来表示线性表的长度属性，所以用结构类型来定义顺序表类型。顺序表的存储定义如下：

```
    #define initsize 100              /* 线性表存储空间的初始分配量 */
    #define increment 10              /* 线性表存储空间的分配增量 */
typedef struct
        {
        elementtype  * elem;          /* elem 为存储空间的基地址 */
        int length;                   /* 线性表当前的长度 */
        int listsize;                 /* 当前已分配的容量 */
    } sqlist;
```

根据此定义，顺序表的初始化操作就是为顺序表分配一个容量为initsize大小的数组空间，并将线性表的当前长度length设为0。elem为该数组的基地址，listsize指示顺序表当前已分配空间的大小，即初始时是100个元素的空间。在运行过程中每当因元素插入而造成空间不足时，可进行再分配，为顺序表重新分配一个大小为listsize + increment个元素的新空间，同时原地址内的所有数据元素自动复制到新空间内。空间的容量以sizeof(elementtype)为单位。

在这种存储结构中，要特别注意的是C语言中数组的下标从“0”开始，因此，若1是sqlist类型的顺序表，则表1中第i个数据元素是l. elem[i-1]。为描述算法简洁可规定下标从“1”开始存放线性表中的元素，而将第一个位置空着不使用。

2.2.2 子任务2：顺序表的算法实现

现在介绍线性表在顺序存储结构上的运算，这些算法都是从下标“0”开始存放元素的。

算法 2.1 构造一个空顺序表

```
int listinit_sq1(sqlist &l)
{
    /* 为顺序表申请一片容量为 initsize 的空间 */
    l.elem = (elementype *)malloc(initsize * sizeof(elementype));
    if(!l.elem)   {            /* 存储分配失败 */
        printf("overflow");
        return(0);
    }
    else          /* 分配成功，则初始化 */
    {
    l.length = 0;          /* 空表长度为 0 */
    l.listsize = initsize;      /* 初始时的存储容量 */
        printf("ok");
        renturn(1);
    }
}
```

算法 2.2 查找特定值的元素

/* 在顺序表 l 中查找值为 x 的元素，若找到，则返回其在顺序表中的位置，否则返回 0。当表中有多个值为 x 的元素时，查找第一个。*/

```
int locatelem_sq1(sqlist l,elementype x)
{
    int i;
    elementype *p;
    i = 1;          /* 从第一个元素开始 */
    p = l.elem;      /* p 的初值为第一个元素的位置 */
    while(i <= l.length&&(*p++) != x)++i;
    if(i <= l.length)return(i);
    else return(0);
}
```

算法 2.3 往顺序表里插入一个元素

当需要在线性表的第 i 个位置上插入一个元素时，必须首先将线性表中原有的元素 a_n，a_{n-1}，…，a_i 依次移到表中的第 n+1，n，…，i+1 各位置上，以便腾出一个空位置 i，再把新元素存入到该位置上，插入新元素以后，原来第 i 至第 n 个元素的序号自动变为

i+1，i+2，…，n+1，此时线性表的长度为 n+1。如果在第 n+1 个位置上进行插入，则不需要移动表中原有的元素。插入工作的具体过程如图 2.3 所示。

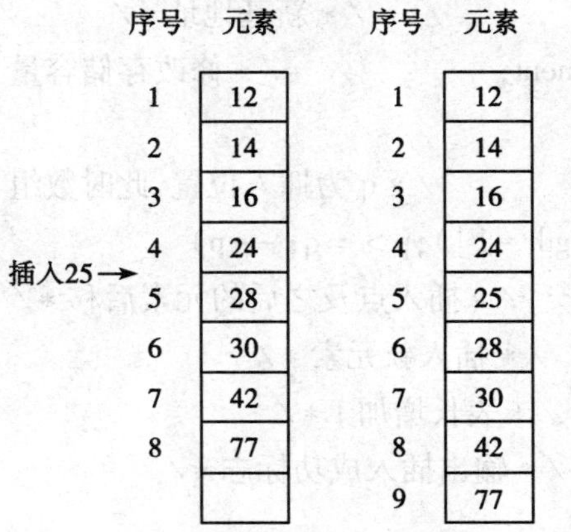

（a）插入前n=8　（b）插入后n=9

图 2.3　线性表的插入过程

图 2.3 所示的为一个有 8 个数据元素的递增有序表，现在要插入一个值为 25 的元素，并要求插入后该表仍是有序的，因此，25 必须插在 24 与 28 之间，而值为 28、30、42 和 77 的元素必须依次往后移动一个位置。

值得注意的是，如果在第 n 个元素之后没有可用的剩余空间，这时若插入一个元素则会发生上溢（over flow）。解决上溢的办法是寻找一个较大的空间，将原数组中的元素依次复制到新空间内，然后再进行插入。上述插入算法可描述为：

/＊在顺序表 l 中第 i 个位置之前插入新元素 e，i 的合法值大于等于 1 而小于等于表长加 1。＊/

```
int listinsert_sq 1(sqlist&l,int i,elementtype e)
{
    elementtype *p,*q,*newbase;
    if(i<1 || i>l.length)                /*i的值非法*/
    {
        printf("i error");
        return(0);
    }
    if(l.length>=l.listsize)             /*当前存储空间已满,增加分配*/
    {
    /*申请一个更大的空间,并将原空间的数据复制到新空间内*/
        newbase = (elementtype *) mealloc (l.elem, (l.listsize + increment) * sizeof
                   (elementtype));
        if(!newbase)                     /*存储空间申请失败*/
        {
            printf("overflow");
```

```
            return(0);
        }
        l. elem = newbase;                /* 新基地址 */
        l. listsize + = increment;              /* 修改存储容量 */
    }
    q = &(l. elem[i - 1]);          /* q 为插入位置,此时数组下标从"0"开始 */
    for(p = &(l. elem[l. length - 1]);p > = q; --p)
     *(p+1) = *p;              /* 插入点及之后的元素后移 */
    q = e;                /* 插入新元素 */
    ++ L. length;              /* 表长增加 1 */
    printf("ok");             /* 输出插入成功标志 */
    return(1);
}
```

算法 2.4　从顺序表中删除一个元素

如果希望删除线性表中第 i 个元素 x，这时需将第 i+1 到第 n 个元素依次移至第 i 到第 n-1 的位置上。删除元素 x 之后，表中原有的第 i+1，i+2，…，n 个元素的序号自动变为 i，i+1，…，n-1，线性表的长度减 1，改为 n-1。如果删除的元素 x 为表中的第 n 个元素（最后一个元素），则不需要移动任何元素，只要将表的长度减 1。若表中没有元素 x，则删除工作什么事情也不做。若表中只有一个元素且它就是要删除的 x，则删除后此表成为空表。

图 2.4（a）展示了一个有 8 个元素的递增有序表。当删除元素 24 时，删除后的状态如图 2.4（b）所示。从图中可以看到，元素 28、30、42 和 77 都向前移动了一个位置，且表长由 8 变为 7。

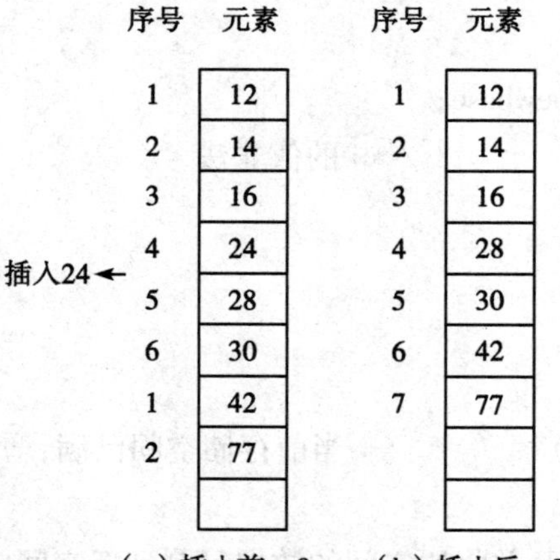

（a）插入前n=8　（b）插入后n=7

图 2.4　线性表的删除过程

删除算法如下：

/* 从顺序表 l 中删除第 i 个元素，并用 e 返回其值，i 的合法值大于等于 1，而小于等于表长。*/

```
int listdelete_sq1(sqlist &l,int i,elementtype &e)
{
    elementtype *p, *q;
    if((i<1) || (i>l.length)                /*i值非法*/
    {
        printf("i error");
        return(0);
    }
    p=&(l.elem[i-1]);                       /*p为被删除元素的位置*/
    e=*p;                                   /* *p为被删除元素的值*/
    q=l.elem+l.length-1;                    /*表尾元素的位置*/
    /*将被删除元素之后的所有元素左移一个位置*/
    for(++p;p<=q;++p)(p-1)=p;
    --l.length;                             /*表长减1*/
    printf("ok");                           /*输出删除成功标志*/
    return(1);
}
```

顺序表的存储结构也可以用C语言中的静态数组直接表示，其形式如下：

```
#define MAXNUM 100      /*假设线性表最大元素数为100*/
typedef struct{
    elementtype v[MXNUM];           /*定义顺序表v*/
        int k;          /*k记录当前元素下标,表空时k=-1*/
    }list;
```

此时线性表的基本操作可用如下算法实现。

算法2.5　插入一个新元素

/*在顺序表l中第i个位置之前插入新元素e，i的合法值大于等于1而小于等于表长加1，插入后顺序表的长度加1。*/

```
int listinsert_sq2(list &l,int i,elementtype e)
{
    int j;
    if(i<0 || i>l.k+1)      /*i的值非法*/
    {
        printf("i error");
        return(0);
    }
    if(l.k>=MAXNUM-1)      /*表已满,不能插入新元素*/
    {
        printf("overflow");
        return(0);
```

```
    }
    for(j = l. k;j > = i;j-- )      /* 数据元素依次向后移动 */
        l. v[j+1] = l. v[j];
    l. v[i] = e;     /* 插入新元素 e */
    (l. k)++ ;     /* 当前元素下标加1,即表长加1 */
    pirntf("ok");
    return(1);
}
```

算法 2.6 删除一个元素

```
/* 删除顺序表 l 中第 i 个元素，并用 e 返回其值，i 的合法值大于等于 1，而小于等于表长。删除后顺序表的长度减 1。*/
int listdelete_sq2(list &l,int i,elementype &e)
{
    int j;
    if(i < 0 || i > l. k)          /* i 的值非法 */
    {
        printf("i error");
        return(0);
    }
    for(j = i + 1;j < = l. k;j++ )      /* 数据元素依次向前移动 */
        l. v[j-1] = l. v[j];
    e = l. v[i];            /* 将删除元素保存在 e 中 */
    l. k-- ;          /* 当前元素下标减1,即表长减1 */
    pirntf("ok");
    return(1);
}
```

以上插入和删除算法的执行时间均为 o(n)。不难发现，这两种运算执行的时间主要花费在元素的移动上，而元素的移动数不仅与具体位置上插入或删除的概率有关，而且还与插入或删除的位置本身有关。在表头附近进行插入或删除比在表尾附近进行插入或删除，元素的移动数要多一些。所以，一般不是讨论进行一个具体的插入或删除操作时元素的移动数，而是讨论实施这些操作时元素的平均移动数。

设 p_i 是在第 i 个元素之前插入一个元素的概率，则在长度为 n 的线性表中插入一个元素所需移动元素的平均数为

$$m_{is} = \sum_{i=1}^{n+1} p_i(n - i + 1) \qquad (2.1)$$

设 q_i 是删除第 i 个元素的概率，则在长度为 n 的线性表中删除一个元素所需移动元素的平均数为

$$m_{de} = \sum_{i=1}^{n} q_i(n - i) \qquad (2.2)$$

插入和删除的概率由许多因素决定，为方便起见，一般都假定在任何位置上插入或删除都是等概率的，即

$$p_i = \frac{1}{n+1},\ q_i = \frac{1}{n}$$

分别将它们代入式（2.1）和（2.2）中，得

$$m_{is} = \frac{n}{2},\ m_{de} = \frac{n-1}{2}$$

由此可见，对顺序分配的线性表，每插入或删除一个元素，大约需要移动表中的一半的数据元素。若表的长度值n很大，且要求经常进行插入或删除运算，则相当费时间。但是这种存储结构简单，便于随机存取，因为没有类似于指针的辅助空间，所以存储空间的利用率很高。顺序表一般适用于表不大或插入、删除不频繁的情况。

2.3 任务3：

线性表的链式存储及操作

2.3.1 子任务1：单链表的概念

线性表的顺序存储结构，这种存储方式虽有很多优点，但也有它固有的缺点。例如，插入和删除需要移动大量的元素，而且不便于多个表共享存储空间，表的容量也难以扩充。为了克服这些缺点，本节将介绍线性表的另一种存储结构——链式存储结构。由于它不要求逻辑上相邻的元素在物理位置上一定相邻，因此，是一种非顺序存储结构。

链式存储结构用一组任意的存储单元依次存储线性表中的各元素。这组存储单元可以是连续的，也可以是不连续的。为反映出各元素在线性表中的前后关系，除了存储元素本身的信息外，还需添加一个或多个指针域。指针域的值叫指针，又称作链，它用来指示数据元素的存储首址。这两部分信息一起组成一个数据元素的存储映象，称存储映象为结点。

根据每个结点所含指针的个数，链表分为两大类，即单链表和多重链表；而根据指针的连接方式，链表又可分为普通链表和循环链表。

单链表：每个结点只含有一个指针的链表称为单链表（Simple liked list）。为叙述方便，下面所说的链表均指普通单链表。单链表是最简单的一种链表。

例如，设有一个包含5个元素（A、B、C、D和E）的线性表，其顺序结构和链式结构的存储状态如图2.5所示。

（a）顺序表的存储状态　　　　（b）链表的存储状态

图 2.5　线性表的两种存储状态比较

图 2.5（a）中，b 为顺序表中第一个元素的首地址，图 2.5（b）中 head 为链表的头指针，头指针指示着线性表中第一个元素 A 的存储首址。假设这 5 个结点的存储首址分别为 2000，2020，2004，2024 和 2012。由图可见，在顺序表中元素的物理顺序与线性表中的逻辑顺序是一致的，而在链表中，这两种顺序一般是不一致的。在链表中，结点在内存中的存储位置可以随意设置，但是，结点间由指针所体现的逻辑顺序必须和线性表完全一致。换句话说，指针指出了线性表中“下一个元素”即后继元素的存储首地址。图中的符号“∧”（NULL）为空指针，表示该结点代表的元素是线性表中的最后一个元素。

通常把链表画成用箭头相连接的结点序列，结点之间的箭头表示指针域中的指针。例如图 2.5（b）所示的链表可画成如图 2.6 所示的形式。图中没有标出指针的具体值，只是用箭头表示它的存在，这是因为进行程序设计时，我们所关心的只是结点间的逻辑顺序，而结点的实际存储地址是无关紧要的。

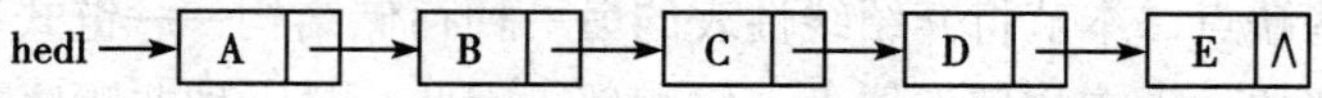

图 2.6　链表的逻辑状态

根据问题的需要，有时在单链表的第 1 个结点之前，还可附设一个称为“表头结点”的结点 HEADER。表头结点的信息域可以不存储任何信息，也可以存储标题、建表日期、建表人、表长等信息。表头结点的结构和链表中结点的结构通常是一致的，其指针域存储第一个结点的首地址，若线性表为空表，则该域的值也为空“∧”。图 2.7 所示为带表头结点的单链表。注意，此时单链表的头指针 head 指向表头结点 HEADER。

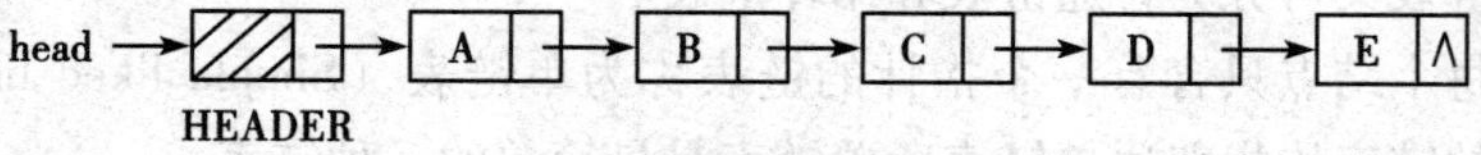

（a）非空的单链表

（b）空的单链表

图 2.7　带表头结点的单链表

在实际中，可借助“指针”数据类型来描述链表：

```
typedef struct
{
    elementype data;
    struct node  * next;
}node, * linklist;
```

这种链表又称动态链表。线性表中结点的类型为 node，而 linklist 为指向结点的指针类型。

2.3.2 子任务2：单链表的算法实现

下面介绍单链表的初始化、取元素、插入、删除和生成有 n 个结点的运算。

算法 2.7　构造一个空的链表

/ * 构造一个带表头结点的空链表 l。l 为单链表的头指针，头指针可以表示一个确定的单链表。算法中 l 前的“&”表示该变量是指针类型，实现时用两个“ * ”表示。 * /

```
int initlist_l(linklist &l)
{
    / * 向系统申请一个头结点的空间 * /
    if(l = = (node * )malloc(sizeof(node)) = = NULL)
        return(0);
    l - > next = NULL;
    return(1);
}
```

算法 2.8　取元素

取单链表中任意元素，若该元素存在，则查找成功，返回其值及成功标志，否则，或者为空表或者表中没有该结点。与顺序表不同的是，链表中结点的地址不能通过公式直接计算，必须从表头开始顺着链逐个结点查找。其算法如下：

/ * l 为带头结点的单链表的头指针，当第 i 个元素存在时，其值赋给 e 并返回 1，否则返回 0。 * /

```
int getelem_ l(linklist &l,int i,elementype &e)
{
    linklist p;
    int j;
    p = l - > next;             / * 初始化,p 指向第一个结点 * /
    j = 1;                      / * j 为计数器 * /
    while(p && j < i)           / * 顺指针向后查找,直到 p 指向第 i 个元素或 p 为空 * /
    {
        p = p - > next;
        ++j;
    }
```

```
    if( !p || j>i)          /* 第 i 个元素不存在 */
    {
        printf("i error");
        return(0);
    }
    e=p->data;                  /* 取第 i 个元素 */
    printf("ok");
    return(1);
}
```

从单链表中删除一个结点或往单链表中插入一个新结点都非常容易，因为此时只需要修改结点的指针，而无需移动其他任何结点。

在下面给出的算法中，引用了 C 语句中的两个标准函数 malloc （sizeof(nodetype)） 和 free(q)。执行 malloc （sizeof(nodetype)） 的作用是使系统生成一个 nodetype 型的结点，同时将该结点的起始位置（内存中的首址）赋给一个指向 nodetype 类型结点的指针类型变量；执行 free(q) 的作用是使系统回收一个由指针变量 q 所指的 nodetype 型的结点，回收后的空间备作再次生成结点时使用。

往单链表里插入一个元素运算，依不同的要求，可写出多种算法，例如：

① 在某数据 a 之前（后）插入一个新元素；

② 在第 i-1 与第 i 个数据元素之间插入一个新元素；

③ 在递增（减）有序表中插入一个新元素，使得生成的长度为 n+1 的表仍然是有序的。

本书仅给出第②种情况的完整算法，其他情况的算法读者可自行设计。如图 2.8 所示，设指针 p 指向结点 A，指针 f 指向将要插入的新结点 x，x 插在线性表两个数据元素 A 和 B 之间，这时只要修改两个指针即可。

上述指针的修改用语句描述为：

f->next=p->next; p->next=f;

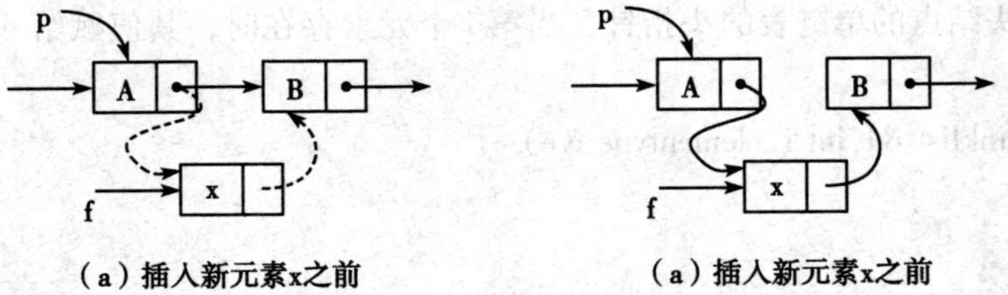

图 2.8 插入一个结点到链表中

算法 2.9 结点插入算法

```
    /* 在带头结点的单链表 l 中的第 i 个位置之前插入新元素 e。 */
int listinsert_l(linklist &l,int i,elemetype e)
{
    linklist p,s;
    int j;
```

```
    p = l;                                  /*l为单链表的头指针*/
    j = 0;                                  /*j为计数器*/
    while(p && j < i - 1)                   /*寻找第i-1个结点*/
    {
        p = p -> next;
        ++j;
    }
    if(!p || j < i - 1)                     /*i小于1或者大于表长*/
    {
        printf("i error");
        return(0);
    }
    f = (node)malloc(sizeof(node));        /*生成新结点*/
    f -> data = e;
    f -> next = p -> next;                  /*将新结点插入到l中*/
    p -> next = f;
    printf("ok");
    return(1);
}
```

从单链表里删除一个元素的操作如下：

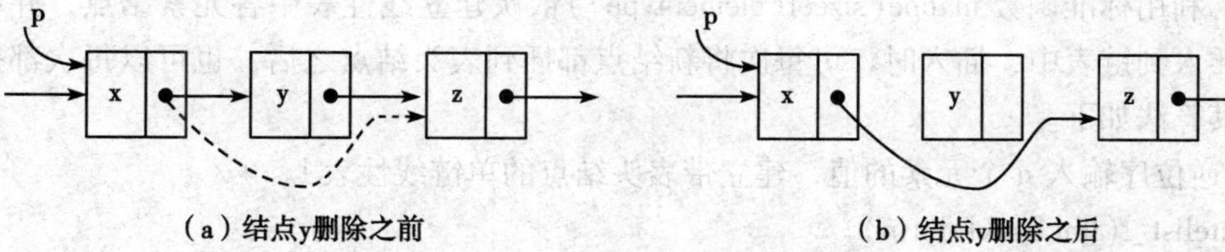

图2.9 从链表中删除一个

如图2.9所示，若要删除线性表中元素y则仅修改一个指针。图中p为指向结点x的指针，此时指针的修改用语句描述为

p -> next = p -> next -> next

算法2.10 结点的删除算法

/*在带头结点的单链表l中，删除第i个元素，并由e返回其值，l是单链表的头指针。*/

```
int listdelete_l(linklist &l,int i,elementtype &e)
{
    linklist p,q;
    int j;
    p = l;                                  /*p指向头结点*/
    j = 0;                                  /*j为计数器*/
```

```
    while(p->next&&j<i-1)    /*寻找第i个结点,令指针p指向第i-1个结点*/
    {
        p=p->next;
        ++j;
    }
    if(!(p->next)||j>i-1)              /*i的值非法*/
    {
        printf("i error");
        return(0);
    }
    q=p->next;                         /*保存第i个结点的位置*/
    e=q->data;                         /*保存第i个结点的值*/
    p->next=q->next;                   /*删除第i个结点*/
    free(q);                           /*释放空间*/
    printf("ok");                      /*删除成功*/
    return(1);
}
```

算法 2.11 创建单链表

上述的取元素算法以及插入、删除和计算单链表长度等算法，都必须在一个已经生成了的单链表上执行，如何在计算机内生成一个有 n 个结点的单链表呢？设单链表的初始状态为空，利用标准函数 malloc(sizeof(elementype))依次建立线性表中各元素结点，并将它们逐个插入到链表中，插入时，可每次将新结点都插到表头结点之后，也可以每次都插到表尾，其算法如下。

```
/*逆位序输入n个元素的值，建立带表头结点的单链线性表l。*/
void createlist_l(linklist&l,int n)
{
    linklist p;
    int i;
    l=(node*)malloc(sizeof(node));
    l->next=NULL;                  /*建立一个带头结点的空单链表*/
    for(i=n;i>0;--i)
    {
        p=(node*)malloc(sizeof(node));        /*申请新结点*/
        scanf(&p->data);                      /*生成新结点*/
        p->next=l->next;
        l->next=p;                            /*将新结点插入到表头*/
    }
}
```

2.3.3 子任务 3：几种特殊链表及链表的应用

1. 循环链表

循环链表（Circular linked list）是另一种形式的链式存储结构。单链表中，每个结点的指针都指向其下一个结点，最后一个结点的指针域为空（NULL），因为它没有后继。若把这种结构稍加修改，使最后一个结点的指针返回指向头结点，则整个链表形成一个环，成为循环链表。图 2.10 所示为非空循环链表和空循环链表的一般形式。

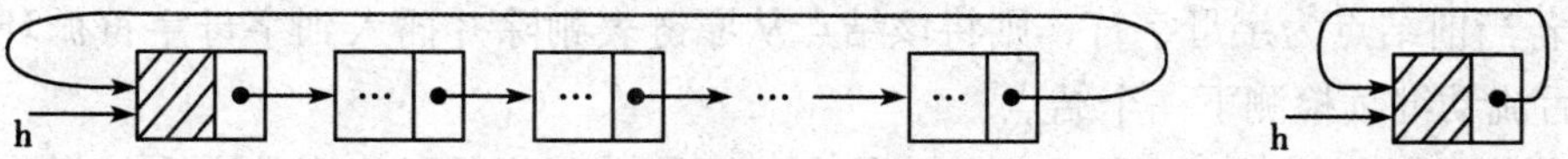

（a）非空循环链表　（b）空循环链表

图 2.10　循环链表的一般形式

采用循环链表结构给结点的访问带来了方便。此时，只要给定表中任意一个结点的地址，通过它就可以访问到表中所有的结点，而普通链表只有从表头开始访问，才能访问到表中的所有结点。循环链表的这一特性称为可及性。可及性是循环链表的重要属性。

在循环链表上执行插入、删除等操作类似于普通链表的插入、删除等操作，也只修改相应的指针。其差别在于算法中循环的条件不再是 p 或 p - > next 是否为空，而是它们是否等于头指针。

采用循环链表结构还可以使某些运算简化。例如，若在循环链表中设一尾指针而不设头指针［见图 2.11(a)］，则在将两个链表合并成一个链表的时候，只要将一个链表的尾和另一个链表的头相接，因而非常方便。其整个过程只修改两个指针，时间复杂度为 o(1)，合并后的表如图 2.11(b)所示。合并步骤如下：

```
p = h1 - > next;          h1 - > next = h2 - > next;
h2 - > next = p;          h1 = h2;
```

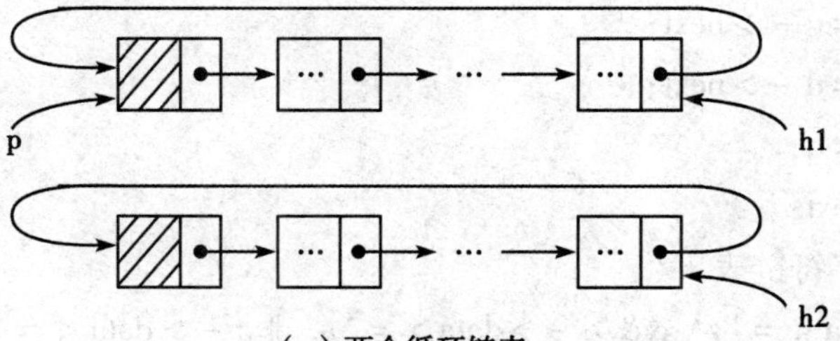

（a）两个循环链表

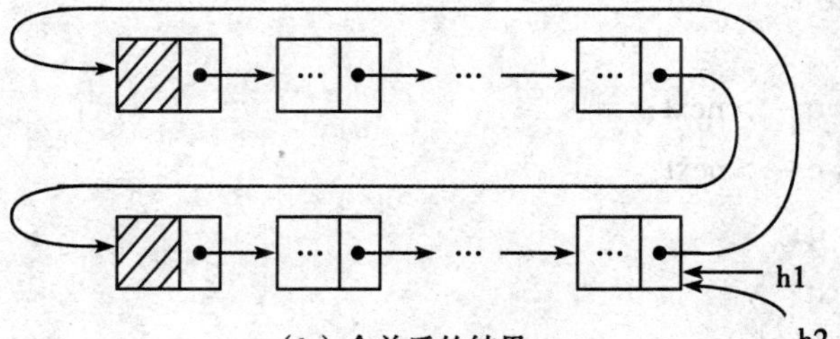

（b）合并后的结果

图 2.11　仅设尾指针的循环链表

下面介绍单链表应用的实际例子。

【例 2.1】已知单链表表示的线性表中含有三类字符数据：字母字符、数字字符和其他字符。试设计一个算法构造三个循环链表来表示这个线性表，使得每个表中只含同一类字符，且利用原表中的结点空间作为这三个表的结点空间，头结点可另辟空间。

【解析】分别建立字母字符和数字字符循环链表的表头结点，并形成 2 个空循环链表，其他字符的头结点可利用原链表的头结点；从表头开始扫描链表，到表尾结束，反复执行，有 3 种情况：

① 若当前结点为其他字符，则指针向后流动一个位置继续检测下一个结点；

② 若当前结点为字母字符，则将该结点从原链表删除并插入到字母字符循环链表中，指针向后流动继续检测下一个结点；

③ 若当前结点为数字字符，则将该结点从原链表删除并插入到数字字符循环链表中，指针向后流动继续检测下一个结点。

算法 2.12　链表的划分

```
void separate(linklist s,&d,&c,&r)
{
    linklist p,q;
    d = (linklist)malloc(sizeof(node));   /* 生成数字字符链表的头结点 */
    d->next = d;                          /* 构造数字字符空循环链表 */
    c = (linklist)malloc(sizeof(node));   /* 生成字母字符链表的头结点 */
    c->next = c;                          /* 构造字母字符空循环链表 */
    p = s;            /* 从表头开始检测原链表的结点,p 指向表头结点 */
    q = p->next;      /* q 指向链表第一个结点 p */
    while(q!= NULL)       /* 还未到表尾 */
    if(q->data <= '9' && q->data >= '0')
    {
        p->next = q->next;
        q->next = d->next;
        d->next = q;
        q = p->next;
    }/* 处理数字字符链表 */
    else if(q->data <= 'z' && q->data >= 'a' || q->data <= 'Z' && q->data >
= 'A')
    {
        p->next = q->next;
        q->next = c->next;
        c->next = q;
        q = p->next;
    }/* 处理字母字符链表 */
    else
```

```
        {
            p = q;
            q = p - > next;
        }/ * 处理其他字符链表 * /
        p - > next = s;              / * 将其他字符链表构造成循环链表 * /
        r = s;                       / * r 为其他字符链表的头指针 * /
    }
}
```

【例2.2】假设有一个循环链表的长度大于1，且表中既无头结点也无头指针。已知p为指向链表中某结点的指针，试编写算法在链表中删除指针p所指结点的前趋结点。

算法2.13　方法1

```
linklist del_1(linklist &p)
{
    linklist q,r;
    q = p;
    while(q→next!= p)       / * 查找 p 的前趋和前趋的前趋 * /
    {
        r = q;     / * r 为指向 q 的前趋结点的指针 * /
        q = q→next;    / * q 为指向 p 的前趋结点的指针 * /
    }
    r→next = p;     / * 删除 q 所指结点 * /
    free(q);     / * 回收空间 * /
    return(p);
}
```

算法2.14　方法2

```
linklist del_2(linklist &p)
{
    linklist s,q;
    s = p;
    while(s→next→next!= p)
        s = s→next;      / * 查找 p 所指结点前趋的前趋,令 s 指针指向它 * /
    q = s→next;     / * q 指向待删结点 * /
    s→next = p;     / * 删除 q 所指结点 * /
    free(q);     / * 释放空间 * /
    return(p);
}
```

方法1利用循环链表的特点（该链表长度大于1），通过指针p可循环找到其前趋结点q及q的前趋结点r，然后将q所指结点删除并释放空间，如图2.12所示。该算法中引入指针r的作用是用来记录被删结点q的前趋结点的位置，以便删除顺利进行。

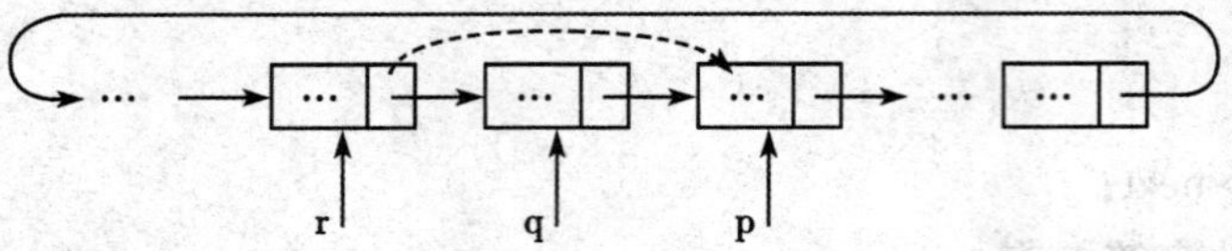

图 2. 12　引入两个辅助指针的情况

方法 2 利用循环链表的特点，直接查找结点 p 的前趋的前趋，而无需引入指针 r。引入 q 的作用仅仅是为了回收删除结点的空间。图 2. 13 展示了指针的位置。

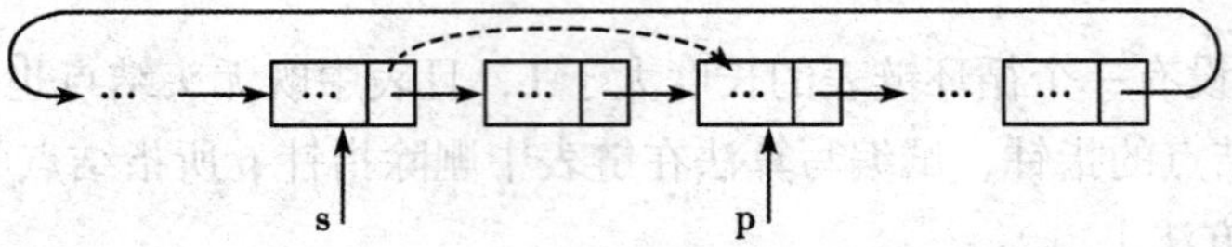

图 2. 13　无须引入辅助指针的情况

2. 双向链表

每个结点含有两个或两个以上指针域的链表称为多重链表（Multlinked list）。按指针域的个数分类可分为二重链表、三重链表……。本节将重点介绍使用最普遍的一种二重链表——双向链表（Double linked list）。

从单链表的结构特征可以看到：当给定一个结点 p 时，沿着指针方向去查找 p 的后继结点是容易的，但若要访问 p 的前趋结点就比较困难，此时，唯一的方法是从表头开始顺着链查找。因为，单链表只有一个指针域，它用来存放该结点后继结点的地址，而没有关于前趋结点的信息。又如，当从单链表中删除任意一个结点时，也会遇到类似的问题，因为从单链表中删除一个结点，需要修改该结点前趋结点的指针。因此，对于那些经常需要既向前又向后进行查询的问题，采用双向链表比较适宜。双向链表是线性表的另一种形式的链式存储结构。双向链表中的每个结点有两个指针域，其中，一个存放它的直接前趋结点的地址，另一个存放它的直接后继结点的地址。因此，在双向链表中一个结点至少有 3 个域，即数据域（data）、左指针域（llink）和右指针域（rlink）。双向链表的结点结构如下：

llink	data	rlink

可以形式地定义双向链表的数据类型：

```
typedef struct
{
    elementype data;
    struct dnode * llink;
    struct dnode * rlink;
} dnode, * dulinklist;
```

一个双向链表可以是非循环的，也可以是循环的。图 2. 14 和图 2. 15 分别展示了带表头结点的双向链表和双向循环链表的一般形式。

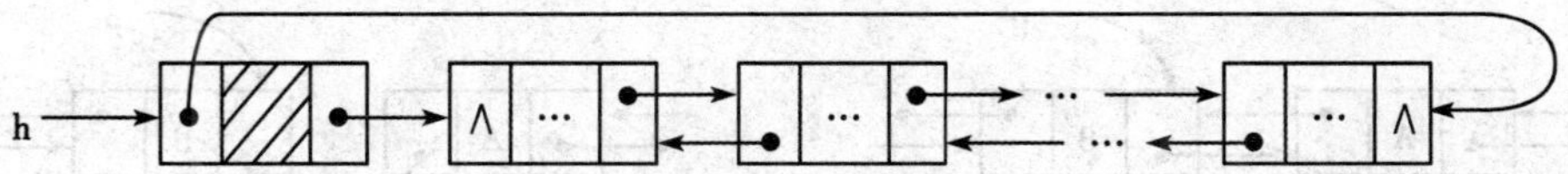

（a）非空的双向链表

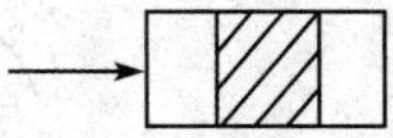

（b）空双向链表

图 2. 14　带表头结点的双向链表

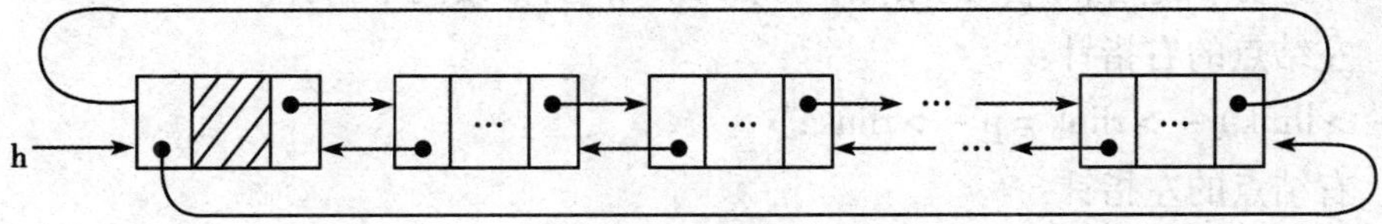

（a）非空的双向循环链表

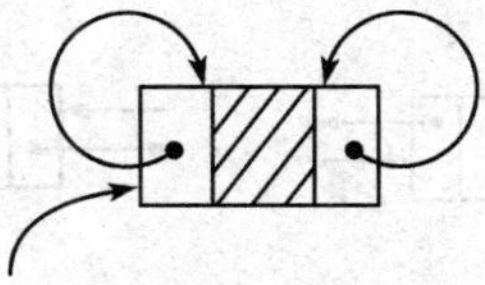

（b）空双向循环链表

图 2. 15　带表头结点的双向循环链表

在双向链表中，若 p 是指向表中任意一结点的指针，则有

p =（p – > llink）– > rlink =（p – > rlink）– > llink

这一等式非常直观地反映了双向链表结构的本质，即第 i – 1 个结点的右指针和第 i + 1 个结点的左指针都指向第 i 个结点，因而可随意在其上向前或向后移动，使得插入和删除工作都变得十分容易。这是付出存储空间代价而带来的好处。

下面先介绍双向链表插入和删除运算的基本操作，然后再给出相应的算法。

3. 双向链表的基本运算的实现

如图 2. 16 所示，设指针 p 指向双向链表中的结点 B，指针 f 指向将要插入的新结点 x，x 插在两个数据元素 A 和 B 之间，此时需要修改 4 个指针：

① f – > llink = p – > llink；

② f – > rlink = p；

③（p – > llink）– > rlink = f；

④ p – > llink = f；

请注意 p 所在的位置和上述 4 个语句的书写顺序。

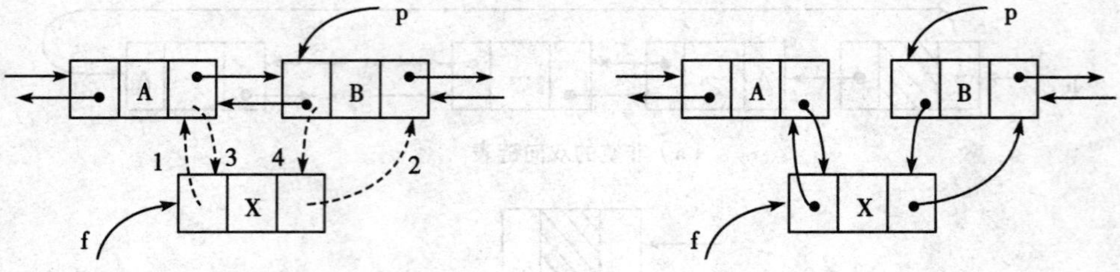

（a）插入前　　（b）插入后

图 2. 16　在双向链表中插入 x 结点

从双向链表中删除 p 所指的结点，如图 2. 17，需修改两个指针。

（1） 左结点的右指针：

（p - > llink） - > rlink = p - > rlink；

（2） 右结点的左指针：

（p - > rlink） - > llink = p - > llink；

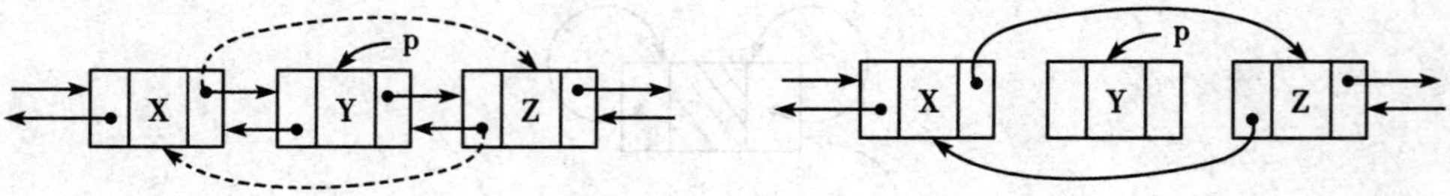

（a）删除结点前　　（a）删除结点后

图 2. 17　从双向链表中删除结点

双向链表的主要运算算法如下。

算法 2. 15　双向循环链表的插入算法

/ * 在带表头结点的双向循环链表 l 中第 i 个位置之前插入新元素 e，i 的合法值为大于等于 1，而小于等于表长加 1。 * /

```
void listinsert_dl( dulinklist &l, int i, elementype e)
{
    dulinklist s, p;
    int j;
    p = l - > rlink;      / * p 指向第一个结点,若链表为空,则 p = l * /
    j = 1;     / * j 为计数器 * /
    while( p != l && j < i)     / * 在表 l 中确定第 i 个元素的位置 * /
    {
        p = p > rlink;
        ++j;
    }
    if( j = = i)     / * i 的值合法 * /
    {
        s = ( dnode * ) malloc( sizeof( dnode) );     / * 申请存储空间 * /
        s - > data = e;     / * 插入新结点 * /
```

```
        s - >llink = p - >llink;
        s - >rlink = p;
        p - >llink - >rlink = s;
        p - >llink = s;
        printf("ok");
    }
    else
        printf("i error");
}
```

算法 2.16　双向循环链表的删除算法

/＊删除带头结点的双向循环链表l的第i个结点，i的合法值为大于等于1，而小于等于表长。＊/

```
void listdelete_dl(dulinklist &l,int i,elementtype &e)
{
    dulinklist p;
    int j;
    p = l - >rlink;     /* p 指向第一个结点,若链表为空,则 p = l */
    j = 1;     /* 为计数器 */
    while(p!= l && j < i)      /* 在表 l 中确定第 i 个元素的位置 */
    {
        p = p >rlink;
            ++j;
    }
    if(j = = i)       /* i 的值合法 */
    {
        e = p - >data;
        p - >llink - >rlink = p - >rlink;     /* 修改左结点的右指针 */
        p - >rlink - >llink = p - >llink;     /* 修改右结点的左指针 */
        free(p);     /* 释放空间 */
        printf("ok");
    }
    else printf("i error");
}
```

在算法 2.16 中，当出现 p = l 时，可能有两种特殊情形：一是该表为一个空表，此时表头结点的右指针指着表头结点自身；二是表中虽然有结点，但没有值为 x 的结点，此时从第一个结点出发，顺着右链又返回到了表头结点。如果表中有两个或两个以上的结点 x，则该算法只能删除第 1 个结点 x。这里假定只有一个值为 x 的结点。

4. 链表的应用

① 多项式相加。

作为单链表应用的一个例子，本节将首先介绍多项式相加的问题。

一般情况下，一个 n 次多项式可表示为：

$$A(x)=a_m x^{e_m}+a_{m-1}x^{e_{m-1}}+\cdots+a_1 x^{e_1}$$

其中，a_i 是指数为 e_i 项的非零系数，而 $e_i(1\leqslant i\leqslant n)$ 满足 $0\leqslant e_1<e_2\cdots<e_m=n$。在多项式相加时，至少有两个或两个以上的多项式同时并存，而且在实现运算的过程中所产生的中间多项式和结果多项式的项数和指数都是难以预测的。有时，多项式的次数可能很高且变化很大，若采用顺序结构必然会造成内存空间的大量浪费。因此，在计算机中可采用链表来表示多项式。

当把一个多项式表示成一个单链表时，可将其每一个非零项用一个结点来表示。每个结点包含两个数据域和一个指针域，即系数域、指数域和指针域，并分别用 coef、exp 和 next 表示，其形式如下：

coef	exp	next

例如，多项式 $A(x)=3x^{14}+2x^{8}+1$ 的链表形式为：

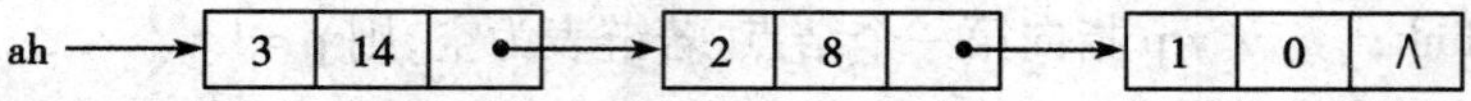

而多项式 $B(x)=8x^{14}-3x^{10}+10x^{6}$ 的链表形式为：

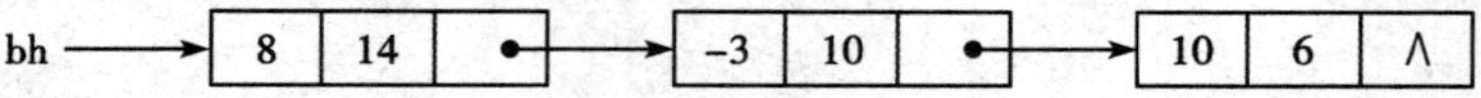

由 A(x)加 B(x)可得到多项式 $C(x)=11x^{14}-3x^{10}+2x^{8}+10x^{6}+1$。表示 C(x)的链表形式为：

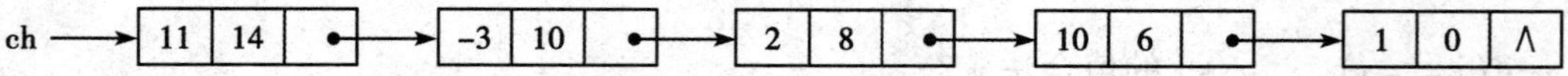

于是，两个多项式相加的问题就变为由单链表 ah 和 bh 求单链表 ch 的问题，下面讨论解决这一问题的算法。

多项式的链式存储结构可描述如下：

```
typedef typedef struct term
{
    float coef;
    int exp;
    struct term  * next;
} term, * polynom;
```

多项式相加运算的规则是：两个多项式中系数相同的项对应系数相加，若和不为零，则构成“和多项式”中的一项，所有指数不同的项均复制到“和多项式”中。

方法 1

对于表示多项式 A(x)和 B(x)的单链 ah 和 bh，使用指针 p_a 和 p_b 分别沿着两个链表向表尾移动，以指示当前被检测的结点。当 $p_a\neq$NULL 且 $p_b\neq$NULL 时，可能出现下列 3 种情况。

• pa - >exp > pb - >exp。这说明 p_a 所指的结点的指数大于 p_b 所指的结点的指数。由于单链表的结点是以指数值的递减次序排列的，因此，p_a 所指结点中的系数值和指数值，应写入一个新结点，然后将这个新结点插入到单链表 ch 的表尾结点之后，成为 c(x)中新的表尾结点。同时 p_a 移向下一个结点，继续扫描 A(x)中后面的结点。

• pa - >exp = pb - >exp。这说明 p_a 和 p_b 所指结点的指数相等。这时，应将它们的系数相加，若系数相加的结果为零，则不产生一个新的结点；否则应产生一个新结点，按照上面的类似做法插在 c(x)的尾结点之后。此时，p_a 和 p_b 同时移向它们各自的下一个结点。

• pa - >exp < pb - >exp。这和第一种的情况完全类似，只不过复制的是 p_b 所指的结点，然后 p_b 移向下一个结点。

重复上述过程，直至 p_a 或 p_b 的值为"NULL"（有时 p_a 和 p_b 的值会同时为NULL，但这不会影响算法）。若 $p_a \neq$ NULL，则说明单链表 ah 中还有结点未处理，这时需要将它们复制到 ch 上；若 $p_b \neq$ NULL，则表示单链表 bh 中还有结点未处理，同样需要将它们复制到 ch 上。

在逐步产生 c(x)的单链表的过程中，总是把新产生的结点加在 ch 的表尾结点之后。为了避免每次都要从 c(x)的第一个结点开始扫描，可令指针变量 p_c 总是指着 c(x)的表尾结点，这样就能很方便地把新结点插在 p_c 所指的结点之后。插入新结点到 ch 中的子过程如下，它供后面多项式相加算法调用。

算法 2. 17

/ * 建立系数为 c、指数为 e 的新结点，并把它插在 p_c 所指结点的后面。链接后 p_c 指着新链入的结点。 * /

```
void attach(float c,int e,term  *pc)
{
    term  *p;
    p = (term *)malloc(sizeof(term));
    p - >coef = c;
    p - >exp = e;
    pc - >next = p;
    pc = p;      / * pc 移向新链入的结点 * /
}
```

下面给出两个多项式相加的算法。

算法 2. 18

/ * 以 ah 和 bh 为头指针的单链表分别表示多项式 A(x)和 B(x)，ch 为表示A(x)与B(x)的和的多项式 C(x)的链表头指针。为便于复算，本算法不破坏 A(x)与 B(x)，C(x)另辟空间。多项式 A(x)和 B(x)均无表头结点。 * /

```
void polyadd1(polynom ah,polynom bh,polynom &ch)
{
    polynom pa,pb,pc,q;
    float x;
```

```
int k;
pa = ah;
pb = bh;
ch = (term * )malloc(sizeof(term));
pc = ch;   /* 为单链表产生一个临时的表头结点 */
while(pa!= NULL && pb = NULL)
{
    if(pa - > exp > pb - > exp)k = 1;
    else if(pa - > exp = = pb - > exp)k = 2;
    else k = 3;      /* 根据 k 确定执行哪个分支 */
    switch(k)
    {
        case 1:attach(pa - > coef,pa - > exp,pc);
               pa = pa - > next;
               break;
        /* 系数相加,若和不为零则产生新的一项 */
        case 2:x = pa - > coef + pb - > coef;
               if(x!=0)
               attach(x,pa - > exp,pc);
               pa = pa - > next;
               pb = pb - > next;
               break;
        case 3:attach(pb - > coef,pb - > exp,pc);
               pb = pb - > next;
    }
}
while(pb!= NULL)      /* 复制 B(x)的剩余项 */
{
    attach(pb - > coef,pb - > exp,pc);
    pb = pb - > next;
}
while(pa!= NULL)      /* 复制 A(x)的剩余项 */
{
    attach(pa - > coef,pa - > exp,pc);
    pa = pa - > next;
}
pc - > next = NULL;      /* 置 ch 链表最后一个结点的指针域为空 */
q = ch;
ch = ch - > next;     /* 令 ch 指向首元结点 */
```

```
    free(q);      /* 撤消临时表头结点 */
}
```

上述算法的主要运行时间花费在指数比较和系数相加上。例如，若设多项式 A(x)有 n 项、B(x)有 m 项，则运行该算法的时间为 o(m+n)。

方法2

运算过程中利用原来多项式的空间，这种方法不能复算，但不必另外申请空间。即“和多项式”链表中的结点无需另外生成，只要从两个多项式的链表中摘取即可，其运算规则如下：

算法 2.19

/* 为删除方便，令 pa1 和 pa 分别指向单链表 ah 中前后两个结点，pb1 和 pb 分别指向单链表 bh 中前后两个结点，pa 和 pb 指向当前结点，pa1 和 pb1 指向它们各自的前趋结点。*/

```
void polyadd2(polynom &ah,polynom bh)
{
    polynom pa,pa1,pb,pb1;
    float sum;
    int k;
    pa1 = ah;
    pa = ah->next;
    pb1 = bh;
    pb = bh->next;
    while(pa!= NULL && pb!= NULL)
    {
    if(pa->exp > pb->exp)k = 1;
    else if(pa->exp == pb->exp)k = 2;
    else k = 3;    /* 根据 k 确定执行哪个分支 */
    switch(k)
    {
        case 1:     /* 多项式 A(x)当前项的指数值小 */
            pa1 = pa;
            pa = pa->next;
            break;
        case 2:     /* 二者的指数值相等 */
            sum = pa->coef + pb->coef;/* 系数相加,若和不为零则产生新的一项 */
            if(sum!=0.0)      /* 修改多项式 A(x)的当前项 */
            {
                pa->coef = sum;
                pa1 = pa;
                pa = pa->next;
```

```
            }
            else      /*删除多项式 A(x)的当前项,并释放该结点的空间*/
            {
                pa1 - >next = pa - >next;
                free(pa);
            }
            /*删除多项式 B(x)的当前项,并释放该结点的空间*/
            pb1 - >next = pb - >next;
            free(pb);
            break;
        case 3:    /*多项式 B(x)当前项的指数值小,将 pb 所指结点插在 pa 所指结点
前面,并将指针 pa1、pb1 和 pb 调整到正确位置*/
            pa1 - >next = pb;
            pb = pb - >next;
            pb1 - >next - >next = pa;
            pa1 = pa1 - >next;
            pb1 - >next = pb;
        }
    }
    if(pb!= NULL)      /*复制 B(x)的剩余项*/
        pa - >next = pb;
    free(bh);/*释放 bh 的头结点*/
}
```

集合运算。求集合“并”和“交”的运算可以用链表实现。假设由键盘输入集合元素，先建立表示集合的链表，然后通过链表的操作实现集合的运算。例如，已知两个整数集合 A 和 B，它们的元素按递增有序的方式分别存放在两个单链表 ha 和 hb 中，如何编写一个函数求这两个集合的并集 C 呢？可将表示集合 C 的链表另辟空间，且同样是以递增有序的顺序存放，具体算法如下。

算法 2.20　求两个集合的并集

```
void union(linklist ha,hb,linklist & hc)
{
    linklist p,q,r,s;
    /*建立链表 C 的头结点,指针 hc 为指向头结点的指针*/
    hc = (linklst)malloc(sizeof(node));
    r = hc;     /*令 r 总是指向链表 C 的最后插入的结点*/
    p = ha;     /*p 指向链表 A 当前检测的结点*/
    q = hb;     /*q 指向链表 B 当前检测的结点*/
    while(p!= NULL && q!= NULL)     /*两表均未到表尾则继续检测*/
    {
```

```
        if(p->data<q->data)
        {
            s=(linklist)malloc(sizeof(node));
            s->data=p->data;
            r->next=s;
            r=s;
            p=p->next;       /*指针 p 向后移动一个位置*/
        }
        else if(p->data>q->data)
        {
            s=(linklist)malloc(sizeof(node));
            s->data=q->data;
            r->next=s;
            r=s;
            q=q->next;       /*指针 q 向后移动一个位置*/
        }
        else      /*p->data==q->data 的情况*/
        {
            s=(linklist)malloc(sizeof(node));
            s->data=q->data;
            r->next=s;
            r=s;
            p=p->next;
            q=q->next;       /*指针 p 和 q 同时向后移动一个位置*/
        }
    }
    if(p==NULL)       /*将从 q 之后 hb 表的剩余结点复制到 hc 链表的最后*/
        while(q!=NULL)
        {
            s=(linklist)malloc(sizeof(node));
            s->data=q->data;
            r->next=s;
            r=s;
            q=q->next;
        }
    if(q==NULL)       /*将从 p 之后 ha 表的剩余结点复制到 hc 链表的最后*/
        while(p!=NULL)
        {
            s=(linklist)malloc(sizeof(node));
```

```
        s->data=p->data;
        r->next=s;
        r=s;
        p=p->next;
    }
    r->next=NULL;     /*r所指结点为c链表最后一个结点*/
    r=hc;     /*r指向c链表头结点*/
    hc=hc->next;     /*删除链表c的头结点*/
    free(r);     /*释放头结点的空间*/
}
```

2.4 任务4:栈和队列

2.4.1 子任务1:栈的概念及存储结构

1. 栈的概念

栈和后面将要讨论的队列是两种特殊的线性表，它们是限定只能在表的一端或两端进行插入、删除元素的线性表，因此，统称为限定性数据结构（Restricted data structure）。这两种数据结构在计算机程序设计中使用得非常广泛。

栈（Stack）是一种特殊的线性表，这种表只能在固定的一端进行插入与删除运算。通常称固定插入、删除的一端为栈顶（top）而另一端称为栈底（bottom），位于栈顶和栈底的元素分别称为顶元和底元。当表中没有元素时，称为空栈。

如果把一列元素依次送往栈中，然后再将它们取出来，则可以改变元素的排列顺序。例如，将一列元素a，b，c，d和e依次送入一个栈，如图2.18所示，其中，a是第1个进栈的元素，称为底元，e是最后进栈的元素，称为顶元。现在将栈中的元素取出来，便可得到e，d，c，b和a。也就是说，后进栈的元素先出栈，先进栈的元素将后出栈，即栈中元素的进、出原则是后进先出，这是栈结构的重要特征。因此，栈又被称为后进先出表（LIFO——last in first out）。栈的直观形象可比喻为一摞盘子或者一摞书，要从这样一摞物体中取出一件或放入一件，只有在顶部操作才是最方便的。

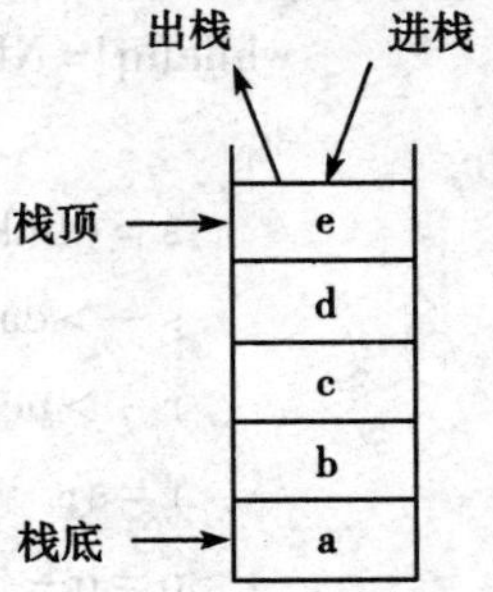

图2.18 栈的示例

在计算机程序设计中，函数的嵌套调用和递归调用是借用栈来控制返回地址的。假设有1个主函数和其他3个函数a1，a2，a3，如图2.19所示。

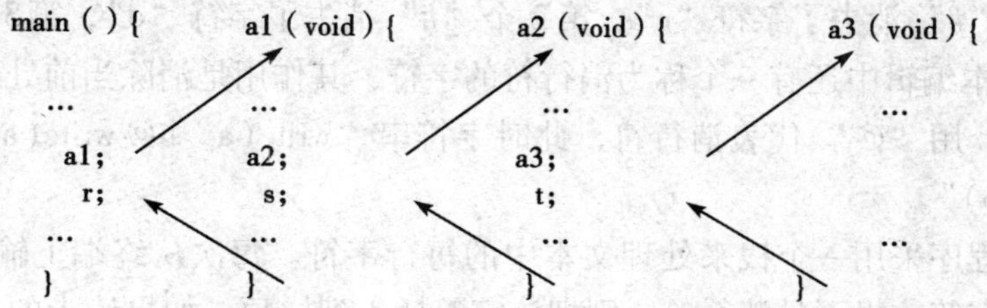

图2.19 过程的嵌套调用

在执行主函数 main( )时，首先调用函数 a1，当 a1 执行完毕后，控制应由 a1 返回到主函数，并从语句 r 开始继续执行。同样，在函数 a1 执行时，要调用 a2，返回后应从语句 s 开始接着执行。a2 调用 a3，返回后从语句 t 开始继续执行。由于返回的次序和调用的次序正好相反，所以，处理嵌套调用最简单的方法是设置一个返回地址栈，每次函数调用时，就把相应的返回地址送进栈，而当函数执行完毕时，再从栈顶取出返回地址。如上例，返回地址按 r，s，t 依次进栈，而出栈的次序却是 t，s，r，因此，利用栈使这一问题得到圆满解决。类似地，解决递归问题也需要栈记录函数的返回地址。

栈的主要运算有下面几种：

（1）StackInit（&s）

构造一个空栈 s。

（2）StackEmpty（s）

判定 s 是否为空栈。当 s 为空栈时，函数返回值为 1，否则为 0。

（3）Push（&s，x）

在栈 s 的顶部插入元素 x，简称将 x 入栈。

（4）Pop（&s，&x）

从栈 s 中删除顶元并将其值保存在 x 单元中返回，简称将 x 出栈。

（5）GetTop（s，&x）

读 s 栈中的顶元素，并将其值保存在 x 单元中返回。

（6）StackDestroy（&s）

将一个已存在的栈 s 撤消。

（7）StackClear（&s）

将一个已存在的栈 s 清空。

（8）StackLength（s）

返回栈 s 中元素的个数，即 s 的长度。

（9）StackFull（s）

判定栈 s 是否已满。当 s 已满时，返回值为 1，否则为 0。

（10）StackTraverse（s）

从 s 栈顶到栈底依次调用 visit( )函数访问 s 中的每个元素，一旦 visit( )失败，则操作失败。

下面通过一个简单的例子来说明如何使用栈的这些运算。

在文本编辑程序中，需要用某个字符作为消字符，其作用是消除前一个敲错的字符。例如，若用符号“#”代表消字符，那么，字符串“abc#d##efg”实际上为“aefg”。因为第1个消字符“#”消去了字符“c”，第2个“#”消去了字符“d”，第3个“#”消去了字符“b”。文本编辑中还有一个称为消行符的字符，其作用是消除当前处理的一行中已出现的所有字符。用“@”代表消行符，此时字符串“write(a, b@ write(a, b))”实际上为“write(a, b)”。

文本编辑程序采用一个栈来处理文本中的每行字符。每次从终端上输入一个字符后，如果它不是消字符，也不是消行符，则把该字符插入到栈顶；如果读入的是消字符，则从栈顶删除一个字符；如果读入的是消行符，则把栈置空。下面粗略地描述一下该处理过程，算法如下。

算法2.21

```
void edit()
{
    stack s;
    char c,y;
    stackinit(s);      /*构造一个空栈*/
    c = getchar();      /*从终端接收一个字符*/
    while(c!= EOF)      /*EOF为全文结束标志*/
    {
        while(c!= EOF && c!= "\n")      /*"\n"为行结束标志,循环一次处理一行*/
        {
            if(c = ="#")pop(s,y);      /*退栈*/
            else if(c = ="@")stackclear(s);      /*栈清空*/
            else      /*c为通常的字符,c进栈*/
                push(s,c);
            c = getchar();      /*接收下一个字符*/
        }
        /*将s中的元素按逆序打印;*/
        stackclear(s);      /*将栈重新清空,准备接收下一行字符*/
        if(c!= EOF) c = getchar();
    }
    stackdestroy(s);      /*将栈s撤消*/
}
```

算法中要求将s中的元素按逆序打印，注意实现这一语句的技巧。一般说来，还必须先将栈中的元素依次压入另一个栈，元素再从第二个栈逐个退栈并打印，否则会得到一个正好相反的序列。

栈及其运算是线性表及其运算的特殊情况，前面介绍的线性表的各种存储结构都可以用来作为栈的存储结构。

2. 栈的存储

(1) 顺序栈的表示和实现

和线性表类似，可以用动态数组描述的顺序栈的存储类型如下：

```
#define stack_init_size 100      /* 定义栈初始空间的容量 */
#define stackincrement 10      /* 存储空间的分配增量 */
typedef struct sqstack
{
    elementype * base;   /* 当栈不存在时,base 的值为 NULL */
    elementype * top;      /* 栈顶指针 */
    int stacksize;      /* 当前已分配的空间,以栈元素个数为单位 */
} sqstack;
```

在栈的顺序存储结构中，把线性表中指示长度的整型变量 length 改为 stacksize，表示栈当前最大的容量。栈的初始化操作即为按指定的大小为栈动态分配一片连续的存储区，并将该存储区的首地址同时送给栈顶指针 top 和栈底指针 base，表示栈里没有任何元素，此时的栈为空栈。若 base 的值为 NULL 则表明栈不存在。当插入一个新元素时栈顶指针加 1，当删除一个元素时栈顶指针减 1。栈顶指针 top 始终比顶元超前一个位置，因此栈满的条件是 top-base = stacksize。图 2. 20 展示了栈顶指针和栈中元素的关系。

栈在运算过程中可能发生“溢出”。溢出有两种，一种称为“上溢”（overflow），另一种称为“下溢”（underflow）。若系统作为栈用的存储区已满，还有元素要求进栈，则称发生上溢；反之，若系统作为栈用的存储区已空，这时还要退栈，则称发生下溢。上溢是一种错误现象，一旦发生上溢，就要给栈分配一个更大的存储空间，以避免有用信息的丢失。而下溢则常用来作为控制转移的条件或程序结束的标志。

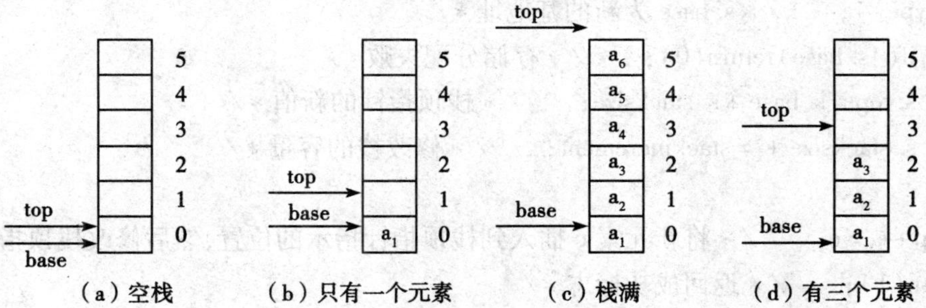

图 2. 20　栈顶指针和栈中元素之间的关系

下面给出栈的几种基本运算的算法：

算法 2. 22

/ * 构造一个空栈，即按设定的初始空间容量进行第一次存储分配，设 base 为栈底指针，在顺序栈中它始终指向栈底的位置，top 为栈顶指针，其初值指向栈底的位置，top = base 为空栈标志。 * /

```
int stackinit(sqstack &s)
{
    s.base = (elementype *)malloc(stack_init_size * sizeof(elementype));
    /* 申请顺序栈 s 的存储空间 */
    if(!s.base)return(0);      /* 存储分配失败 */
    s.top = s.base;      /* 栈空时,栈顶与栈底指针值相同 */
```

```
    s. stacksize = stack_init_size;        /* 栈的初始容量 */
    return(1);     /* 空栈构造成功 */
}
```

算法 2.23

/* 若栈 s 不空，则用 e 返回 s 的顶元，并返回 1，否则返回 0。栈顶指针比顶元超前一个位置。*/

```
int gettop(sqstack s,elementype &e)
{
    if(s. top = =s. base) return(o);        /* 栈空 */
    e = (s. top -1);      /* 栈非空,将栈顶元素送往 e 单元保存,栈 s 保持不变 */
    return(1);
}
```

算法 2.24

/* 将新元素 e 插入到栈 s 中。栈顶指针比顶元超前一个位置。*/

```
int push(sqstack &s,elementype e)
{
    if(s. top - s. base > = s. stacksize)     /* 若栈满,则追加存储空间 */
    {
        s. base = (elementype *) realloc (s. base, (s. stacksize + stackincrement) * sizeof
(elementype));      /* s. base 为新的基地址 */
        if( !s. base)return(0);       /* 存储分配失败 */
        s. top = s. base + s. stacksize;       /* 栈顶指针的新值 */
        s. stacksize + = stackincrement;       /* 修改栈的容量 */
    }
    s. top++ =e;      /* 将新元素 e 插入到栈顶指针指示的位置,然后修改栈顶指针 */
    return(1);    /* 返回成功标志 */
}
```

算法 2.25

/* 若栈不空，则删除栈 s 的顶元，用 e 保存其值，并返回成功标志 1，否则返回失败标志 0。*/

```
int pop(sqstack &s,elementype &e)
{
    if(s. top = =s. base) return(0);       /* 若栈空则返回失败标志 */
    e =-- s. top;      /* 先修改栈顶指针,再将栈顶元素送往 e 保存 */
    return(1);
}
```

算法 2.26

/* 判断栈是否为空 */

```
int stackempty(s)
```

```
{
    if(s.top = =s.base) return(1);       /*栈空*/
    else return(0);
}
```

算法 2.27

```
    /*将一个已存在的栈 s 清空。*/
stackclear(&s)
{
    s.top = =s.base;
}
```

除了栈的少数操作的时间复杂度为 o(n)外，这里所列栈的操作的时间复杂度均为 o(1)。

(2) 栈的链式存储结构

栈也可以采用链式存储结构。在多个栈共享空间的情况下，用链表作为栈的存储结构，不仅可以提高结点插入和删除的效率，而且还可以根据实际需要为每个栈分配相应单元。图 2.21 展示了一个链式栈的结构。

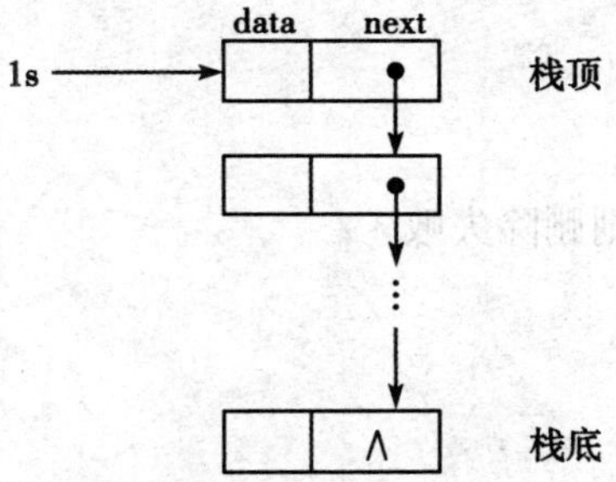

图 2.21　不带头结点的链式栈示意图

栈的链式存储结构简称链栈，实质上就是一个规定只能在表头进行插入与删除操作的单链表。表示栈的单链表可设表头结点，也可不设立表头结点。其结构定义为：

```
typedef struct
{
    elementype data;
    struct lnode *next;
}lnode, *linkstack;
```

一个链栈由它的栈顶指针唯一确定，假设栈顶指针为 ls，则栈空的条件为 ls = NULL。

下面讨论链栈的进栈和出栈操作算法，其中由 h 所指链栈带有头结点。当将元素 x 插入到第 i 个栈中时，只要从可利用空间取得一个新结点，同时改变栈顶指针即可，从一个栈里删除结点时，也只要改变栈顶指针，同时将被删除结点送回到可利用空间去即可。其插入和删除算法如下。

算法 2.28　进栈

```
/*把新元素 x 压入栈 h*/
```

```
int push_ls(linkstack &h,elementtype x)
{
    linkstack p;
    if(p = =(lnode * )malloc(sizeof(lnode)))
    {      /* 为新结点申请空间,若存储分配失败则返回0 */
        printf("失败");
        return(0);
    }
    p - >data = x;      /* 申请成功,将新结点存入 */
    p - >next = h - >next;      /* 新结点插在表头结点的后面 */
    h - >next = p;
    return(1);
}
```

算法 2.29 出栈

```
    /* 弹出栈 h 的顶元并由 y 返回 */
void pop_ls(linkstack &h,elementtype * y)
{
    linkstack p;
    p = h - >next;
    if(p = = NULL)/* 空栈,则删除失败 */
        printf("失败");
    y = p - >data;
    h - >next = p - >next;
    free(p);
    return;
}
```

链栈的其他操作比较简单，在此不再作详细讨论。

当同时存在多个栈时，每个栈都是一个单链表。可将 n 个栈用一个指针数组表示：linkstack ls[n]。

初始时，每个栈均为空，即 ls[i] = NULL($0 \leq i \leq n-1$)，当需要将新元素 x 插入到第 i 个栈时，只要从可利用空间取得一个结点，并将它插入到第 i 个链表的表头即可。

2.4.2 子任务2：栈的应用

1. 算术表达式求值

在高级语言编写的源程序中，一般都含有算术表达式。如何将它们翻译成正确求值的机器指令序列，是编译程序要处理的一个基本问题。作为栈的应用举例，下面介绍算术表达式的求值过程。

任何一个算术表达式都是由操作数（operand）、运算符（operator）和界限符

(edlimiter) 组成的。为了简化问题，这里假设算术表达式中的操作数为单个字母表示的变量：运算符有加“+”、减“-”、乘“*”、除“/”和乘方“↑”；界限符为分号“;”，并假定没有括号。运算法则是先乘方，再乘除，后加减，同级运算自左至右。按照这个原则，不难算出下述简单表达式的值：

$$4/2\uparrow 2+3*3=4/4+9=10$$

但是，计算机是按从左到右的顺序来扫描和解释表达式的，如果不加处理，计算机计算上述表达式时将会得到：

$$4/2\uparrow 2+3*3=2\uparrow 2+3*3=4+3*3=7*3=21$$

这显然是错误的结果。所以，为了使计算机能得到正确的计算结果，编译程序使用的方法之一是用运算符优先数来对表达式进行编译。

为了固定求值的顺序，编译程序为每个运算符都赋予了一个优先数，并约定，优先数高的运算符先计算；优先数相同的运算符，遵循先左后右的运算规则。各运算符的优先数如表2.2所示。

表2.2　　运算符的优先数表

运算符	↑	/	+	-	;	
优先数	3	2	2	1	1	0

有了运算符的优先数，还需设置两个工作栈。一个称为运算符栈，用 s_1 表示，用于存放表达式中的运算符：另一个称为操作数栈，用 s_2 表示，用于存放操作数或运算结果。这两个栈的初始状态均为空。编译时，计算机从左至右扫描表达式，凡遇操作数一律进 s_2 栈；若遇运算符，则要把它的优先数和栈顶运算符的优先数进行比较：若前者大，则该运算符进 s_1 栈；否则，栈顶运算符退栈，并形成一条只有一次运算的机器指令。若是二元运算，该指令中的运算符为 s_1 栈中的顶元，运算对象为 s_2 栈顶上的两个元素，且先退栈的元素在运算量的右侧，后退栈的在运算量的左侧。开始时 s_1 栈为空，运算符直接进栈。

下面观察计算机是如何计算表达式 A/B↑C+D*E 的。在下面的计算过程中，表达式下面的箭头表示当前正被扫描的字符。

由于 s_1 和 s_2 都是空栈，因此 A、B 相继进入 s_2，“/”进入 s_1。

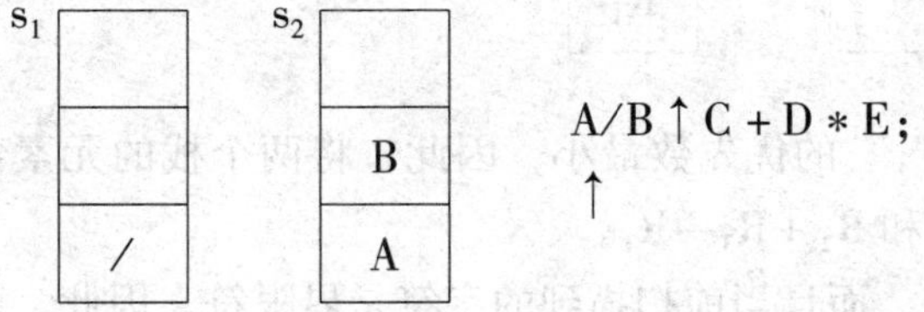

现在扫描到“↑”，由于 s_1 栈非空，而且“↑”的优先数大于 s_1 的栈顶元素“/”的优先数，因此，“↑”进入 s_1 栈，然后，C 直接进入 s_2。

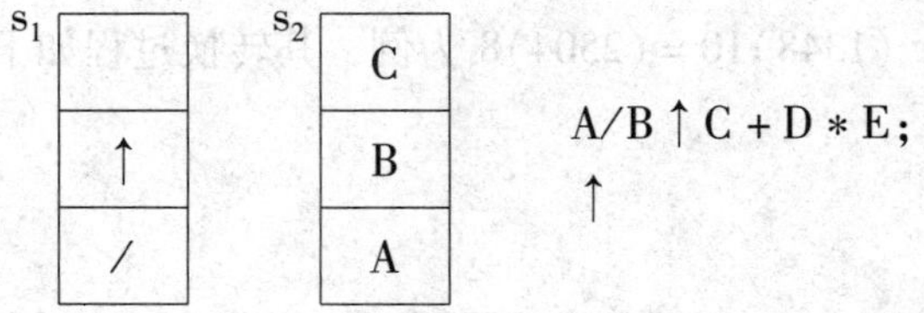

下一个运算符是“+”，它的优先数小于 s_1 的栈项元素“↑”的优先数，因此“+”不能进栈，这时取出 s_2 中的 C 和 B 以及 s_1 中的“↑”，生成一条指令 $B\uparrow C\rightarrow R_1$，将中间结果 R_1 再送入 s_2 中，作为下一步运算的操作数。

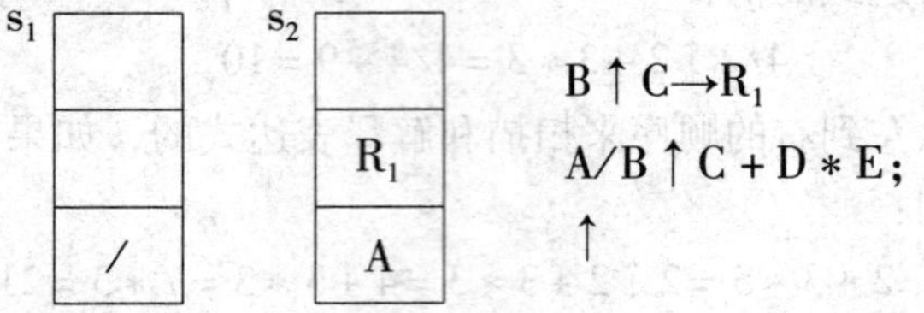

运算符“+”再一次和栈顶元素进行比较，因为仍是栈顶元素“/”的优先数大，故应继续生成下一条指令 $A/R_1\rightarrow R_2$。

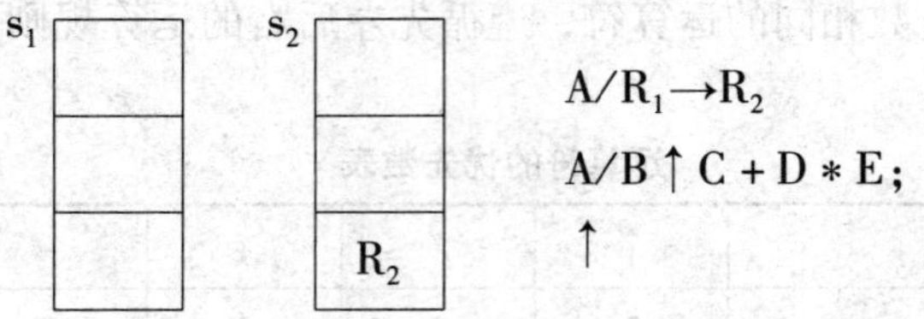

现在 s_1 为空栈，“+”进入 s_1。在 D，“*”和 E 相继进栈后，计算机扫描到“;”。

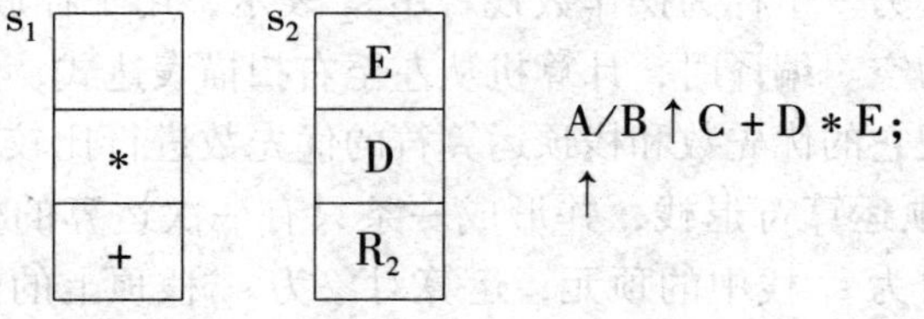

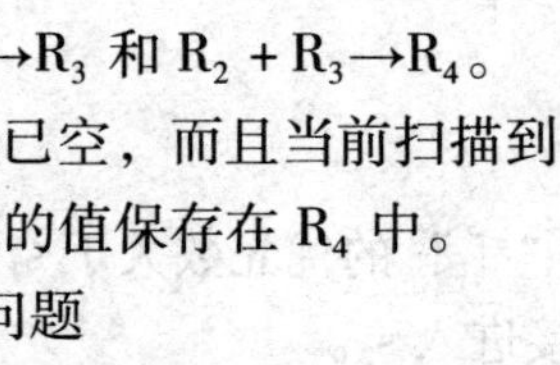

由于已规定界限符“;”的优先数最小，因此，将两个栈的元素都依次取出，生成两条相应的指令 $D*E\rightarrow R_3$ 和 $R_2+R_3\rightarrow R_4$。

此时，运算符栈已空，而且当前扫描到的字符是界限符。因此，整个表达式求值的编译过程结束，表达式的值保存在 R_4 中。

2. 数制的转换问题

要求编制一个程序实现下述功能：对于输入的任意一个非负十进制整数，打印输出与其等值的八进制数。现以（1348)10 =(2504)8 为例，其转换过程如下：

n	(int)(n/8)	n%8
1348	168	4
168	21	0
21	2	5
2	0	2

这一计算过程是从低位到高位顺序产生八进制数的各个数位，而打印输出，应从高位到低位进行，恰好和计算过程相反。因此可将计算过程中得到的八进制数的各位顺序进栈，则按出栈顺序打印的序列即为与输入十进制数对应的八进制数。

算法 2.30　数制的转换

```
void conversion( )
{
    initstack(s);       /* 初始化一个空栈 s */
    scanf("%d\n",n);      /* 输入整数 n */
    while(n)     /* 当 n 不为 0 时执行 */
    {
        push(s,n%8);      /* n 除以 8 的余数进栈 */
        n=n/8;    /* n 的新值为 n 除以 8 取整 */
    }
    while(!stackempty)      /* 当栈非空时 */
    {
        pop(s,e);      /* 从栈 s 中取出顶元送往 e */
        printf("%d\n",e);      /* 打印 e */
    }
}
```

3．括号匹配的检测

假设一个算术表达式中允许含圆括号、方括号和花括号三种类型的括号，其嵌套的顺序随意。编写一个判别表达式中括号是否正确配对出现的函数 correct(exp)，其中：exp 为字符串类型的变量，表示被判别的表达式。

利用栈能很好地解决这一问题。计算机从前向后扫描表达式，遇左括号就进栈，遇右括号就弹出栈顶元素，判断它们是否属同一种括号，若是，则继续扫描，否则返回，表示不配对。当整个算术表达式扫描完毕时，若栈为空，表示括号正确配对，否则不配对。具体算法描述如下：

算法 2.31　括号匹配的检测

```
#define m 100     /* 表达式中字符的最大数 */
int correct(char exp[ ])
{
    char s[m];      /* s 为临时设置的栈 */
    int top=0;      /* top 为栈顶指针 */
    int i=1;   /* i 为计数器,记录当前表达式已扫描的字符个数 */
    int tag=1;      /* tag 为访问标志,其值为 1,则继续访问;为 0 则表示括号不配对 */
```

```
    s[top] = '#';       /*'#'为算术表达式结束符*/
    while(exp[i]!= '#' && tag)
    {
    /*若当前字符为'('或'['或'{'则进栈*/
        if(exp[i] = = '(' || exp[i] = = '[' || exp[i] = = '{')
        {
            top++;
            s[top] = exp[i];
        }
        else
        {
/*若当前字符为')',则检查顶元是否为'(',是则继续处理,否则表示不配对返回*/
            if(exp[i] = = ')')
                if(s[top] = = '(')
                    top--;
                else tag = 0;
            if(exp[i] = = ']')      /*若当前字符为']',则检查顶元是否为'[',是则继续处理,否则表示不配对返回*/
                if(s[top] = = '[')
                    top--;
                else tag = 0;
            if(exp[i] = = ')')      /*若当前字符为'}',则检查顶元是否为'{',是则继续处理,否则表示不配对返回*/
                if(s[top] = = '{')
                    top--;
                else tag = 0;
        }
        i++;
    }
    if(top!=0 || tag = =0)
        return(0);       /*括号不能正确配对*/
    else
        return(1);      /*括号正确配对*/
}
```

4. 栈与递归

递归（recursion）是程序设计中的一个有力工具。在后面的章节和实际中将涉及一些递归算法，因为这些问题用递归方法求解使程序非常简单。而栈在实现递归调用中起了关键作用。

在计算机科学中将一个直接或间接调用自己的函数称做递归函数。直接调用自己的函数称做直接递归函数。间接调用自己的函数称做间接递归函数。

很多数学函数是递归定义的。例如，阶乘函数是递归定义的：

$$n! = \begin{cases} n(n-1)!, & n>1 \\ 1, & n=1, 0 \end{cases}$$

按照这个公式，可将求n！的问题变成求（n－1）！的问题。而求（n－1）！的问题又可以变成求（n－2）！的问题，…，直到n＝1，即变成求1！＝1的问题。依此可编写程序如下。

算法2.32　求n的阶乘

```
#include"stdio.h"
long int fact(int n)/*n是非负整数*/
{
    long f;
    if(n==0||n==1)
        f=1;
    else
        f=n*fact(n-1);/*递归调用函数fact*/
    return(f);
}
```

从逻辑上讲，有些问题用递归算法很容易描述，它使得算法简单清晰。但递归算法较之非递归算法，无论是空间需求还是时间需求都更高。由于循环比递归函数的效率高得多，故能用循环实现时尽量不用递归。

2.4.3　子任务3：队列的概念及存储结构

1．队列的定义及其运算

队列（Queue）是另一种特殊的线性表。在这种表中，删除运算限定在表的一端进行，而插入运算则限定在表的另一端进行。约定把允许插入的一端称为队尾（rear），把允许删除的一端称为队首（front）。位于队首和队尾的元素分别称为队首元素和队尾元素。

队列的进出原则是先进队的元素先出队。如果把一列元素依次送往队中，然后再将它们取出来，则不会改变元素原来排列的次序。例如，若将一列元素a，b，c，d和e依次送入队列中，如图2.22所示，然后又把它们取出来。则仍然得到a，b，c，d和e，因此，通常又把队列称作先进先出表（FIFO—First In First Out）。这和日常生活中的队列是一致的。例如，等待服务的顾客总是按先来后到的次序排成一队，先得到服务的顾客是站在队首的先来者，而后到的人总是排在队列的末尾等待。

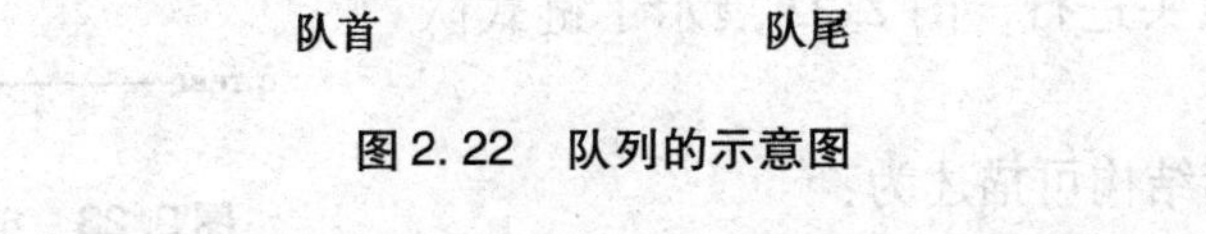

图2.22　队列的示意图

队列在计算机程序设计中也经常被使用，例如，操作系统中的输出队列就是一个例子。在一个允许多道程序运行的计算机系统中，有多个作业同时运行，而且运行的结果都要通过唯一的通道输出。若通道尚未完成输出，则后来的作业应等待，并按请求输出的先后次序排队。当通道传输完毕可以接受新任务时，排头的作业便从队列中退出，进入通道并输出。所以，排头的作业总是下一次准备输出的作业，而排尾的作业总是刚刚进人队列的作业。当然，这里指的是没有优先级（Priority）的情况。

通常对队列进行的运算有如下几种。

（1）QueInit（&q）

构造一个空队列 q。

（2）QuEmpty（q）

若 q 是空队列，则函数值为 1，否则为 0。

（3）QueDel（&q，&e）

删除队列 q 的队首元素，并用 e 返回其值。

（4）QueGet（q，&e）

用 e 返回队列 q 的队首元素。

（5）QueN（&q，e）

在队列 q 的队尾插入元素 e，简称为将 e 入队。

（6）QueDestroy（&q）

将一个已存在的队列 q 撤消。

（7）QueClear（&q,）

将一个队列清为空队。

（8）QueLength（q）

求队列 q 中元素的个数，即 q 的长度。

（9）QueFull（q）

若队 q 已满，返回 1，否则返回 0。

（10）QueTraverse（q）

从队首到队尾，用 visit( ) 函数依次访问队列 q 中的每一个数据元素。

2. 队列的链式存储结构

与栈的情况一样，线性表的各种存储方式也都可以作为队列的存储结构。由于队列的插入和删除操作是在表的两端进行的，随着插入和删除工作的进行，队首和队尾两端都是移动的，因此需要设立队首和队尾两个指针。通常队尾指针指向最后进入队列的元素，而队首指针在不同的情况下可以有不同的设置。队列的链式结构称为链式队列，它实际上是用一个单链表来表示队列，只不过插入元素在单链表的表尾进行，而删除元素在表头进行，图 2. 23 展示了链式队列的一般形式。

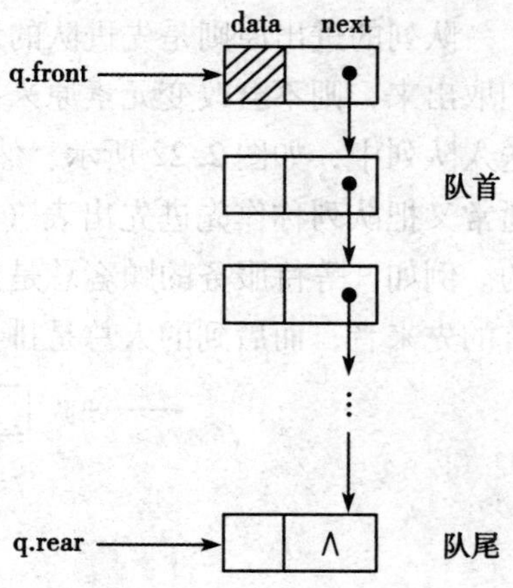

图 2. 23　链式队列示意图

链式队列的存储结构可描述为：

```
typedef struct lnode
```

```
{
    elementype data;
    struct lnode * next;
}lnode;
typedef struct linkque
{
    lnode * front;
    lnode * rear;
}linkque;
```

其中，front 和 rear 分别为队列的头指针和尾指针。为了便于表示空队，专门设置了一个头结点，当队列为空时，头指针和尾指针均指向头结点，如图 2.24(a) 所示。

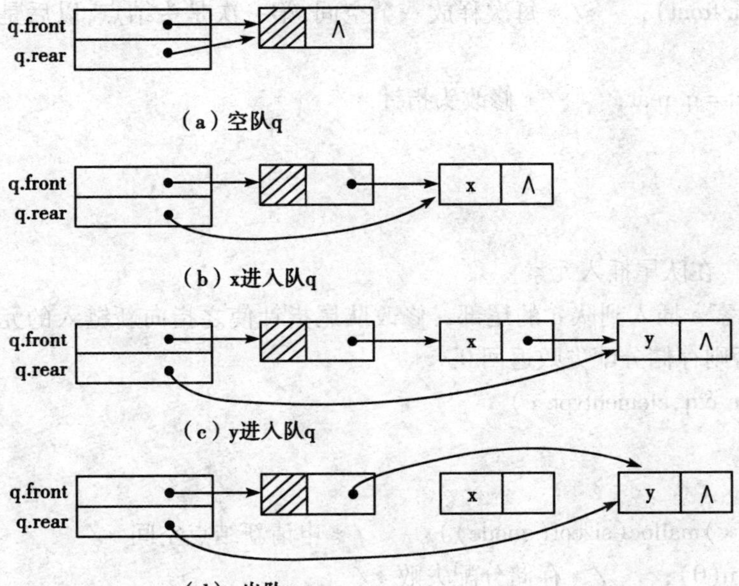

(a) 空队q

(b) x进入队q

(c) y进入队q

(d) x出队q

图 2.24　一系列队列操作时指针变化状况

算法 2.33　构造空链式队列

/ * 构造一个空链式队列 q，实质上是为 q 申请一个头结点，并令队首和队尾指针指向该结点。* /

```
int queinit(linkque &q)
{
    q. front = (node * )malloc(sizeof(lnode));      / * 申请头结点 * /
    q. rear = q. front;      / * 队首和队尾指针均指向头结点 * /
    if( !q. front)      / * 存储分配失败 * /
    {
        printf("overflow");
        return(0);
    }
```

```
    q.front->next=NULL;    /*空队列*/
    return(1);    /*空队列构造成功*/
}
```

算法 2.34　撤消队列

/*撤消一个队列。其实质是从链式队列的头结点开始，将所有结点（包括头结点）的空间一个个回收并返还给自由表。*/

```
int quedestroy(linkque &q)
{
    while(q.front)    /*还未到表尾,则继续向后查找*/
    {
        q.rear=q.front->next;    /*令尾指针指向队列第一个元素*/
        free(q.front);    /*每次释放一个空间,第一次是头结点,以后是各元素所占的空间*/
        q.front=q.rear;    /*修改头指针*/
    }
    return(1);
}
```

算法 2.35　在队尾插入元素

/*将新元素 e 插入到队 q 的尾部，修改队尾指针使之指向新链入的元素。若插入成功则返回 1，否则存储分配失败返回 0。*/

```
int quen(linkque &q,elementype e)
{
    lnode *p;
    p=(lnode *)malloc(sizeof(qnode));    /*申请新结点空间*/
    if(!p)return(0);    /*存储分配失败*/
    p->data=e;    /*将元素 e 送往新申请的空间*/
    p->next=NULL;    /*新元素为队列最后一个元素*/
    q.rear->next=p;    /*将新元素链入到队尾*/
    q.rear=p;    /*修改队尾指针,令其指向新插入的元素*/
    return(1);    /*插入成功*/
}
```

算法 2.36　删除元素

/*若队 q 非空，则删除队 q 的队首元素，用 e 返回其值，并返回成功标志 1，否则返回 0。队列设置了头结点，当队列的最后一个元素被删除后，队列的尾指针也消失了，此时应对尾指针重新赋值，令其指向头结点。*/

```
int quedel(linkque &q,elementype &e)
{
    lnode *p;
    if(q.front==q.rear)return(0);    /*队空*/
```

```
    p = q. front - > next;     /* 令 p 指向队首元素 */
    e = p - > data;     /* 将队首元素保存在变量 e 中 */
    q. front - > next = p - > next;     /* 修改头结点的指针域,使其指向队列的第二个元素
*/
    if( q. rear = = p) q. ear = q. front;     /* 若队列只有一个元素,删除后恢复成空队列 */
    free( p);     /* 释放删除结点空间 */
    return(1);
}
```

算法 2.37　求队列长度

```
/* 求队列 q 中元素的个数，即 q 的长度 */
quelength( linkque &q)
{
    int i = 0;     /* i 为计数器 */
    lnode * p;
    p = q. front - > next;     /* 从队列 q 中的第 1 个元素开始计数 */
    while( p)     /* 若队列 q 中还有元素位数 */
    {
        ++ i;
        p = p - > next;     /* 继续向后流动 */
    }
    return( i);     /* 返回队列 q 中元素的个数,即 q 的长度 */
}
```

链式队列的优点是便于实现存储空间的共享。在同时存在多个队列或经常在队列中进行插入、删除操作的情况下，采用链式存储结构是比较理想的。

3. 队列的顺序存储结构

前面已经介绍过，在系统中需要多个队列时，应尽量采用链表作为它的存储结构，因为对于链式队列，一般情况下是不会发生上溢的。但是，在链式队列中每个结点都设有一个指针域，这就降低了存储的密度。因此，很多情况下仍然需要用顺序存储结构来表示队列。

队列的顺序存储结构和栈的类似，常借助一维数组来存储队列中的元素。为了指示队首和队尾的位置，尚需设置首、尾两个指针，并约定首指针总是指向队列中实际队首元素的位置，而尾指针总是指向队尾元素的下一个位置。图 2.25 展示了这种结构。

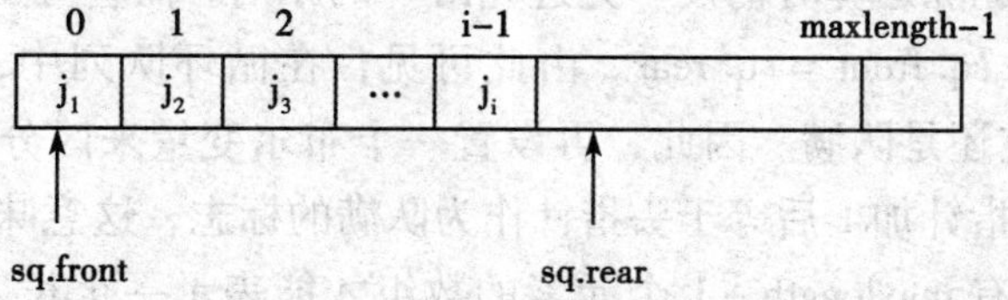

图 2.25　队列的顺序存储示意图

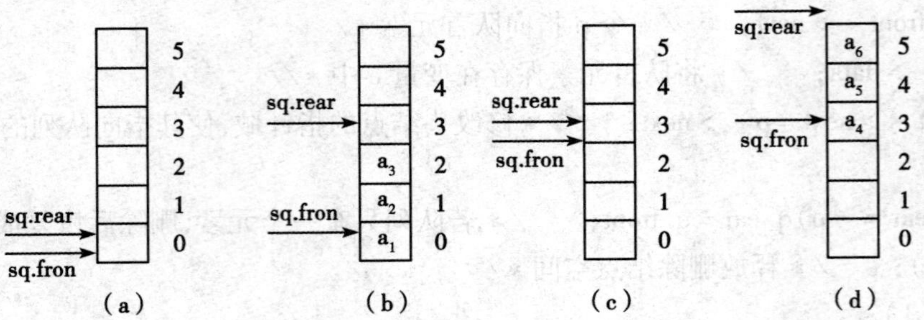

图 2.26　一个队列中元素和首、尾指针

图 2.26(a)表示该队列的初始状态为空，sq. rear = sq. front = 0；图 2.26(b)表示有 3 个元素 a_1，a_2，a_3 相继进入队列，因而 sq. rear = 3，而 sq. front 的值不变；图 2.26(c)表示 a_1，a_2，a_3 先后出队，队列又变为空，sq. rear = sq. front = 3；图 2.26(d)表示有 3 个元素 a_4，a_5，a_6 进入队列，sq. front = 3，sq. rear = 6。

倘若还有元素 a_7 请求进入队列，由于队尾指针已经超出了队列的最后一个位置，因此插入 a_7 就会发生"溢出"。但是，这时的队列并非真的满了，事实上，队列中尚有 3 个空位。也就是说，系统作为队列用域还没有满，但队列却发生了溢出，这种现象称作虚溢出。解决虚溢出的方法有两种。

(1) 采用平移元素的方法

即一旦发生虚溢出就把整个队列的元素平移到存储区的首部。如图 2.27 所示，将 a_4、a_5 和 a_6 平移到 sq. elements[0]至 sq. elements[2]，而将 a_7 插到第 3 个位置上。显然，平移元素的方法效率是很低的。

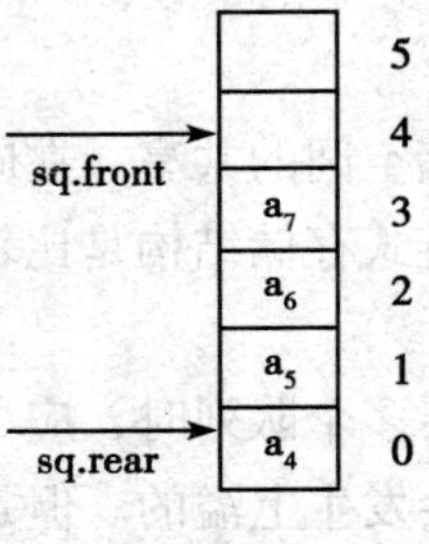

图 2.27　用平移元素的方法解决虚溢出

2. 将整个队列作为循环队列来处理

可以设想，sq. elements[0]接在 sq. elements[5]之后，见图 2.28(a)。当发生虚溢出时，可以把 a_7 插入到第 0 个位置上，这样，虽然物理上队尾在队首之前，但逻辑上队首仍然在前，作插入和删除运算时仍按"先进先出"的原则。而它与图 2.28(c)所示队列为空的情形一样，均有 sq. front = sq. rear。由此可见，在循环队列中，只凭等式 sq. rear = sq. front 无法判别队空还是队满。因此，再设置一个布尔变量来区分队空和队满，或者不设布尔变量，而把尾指针加 1 后等于头指针作为队满的标志，这意味着损失一个空间，或者反过来说，必须用有 maxlength + 1 个元素的数组才能表示一个长度为 maxlength 的循环队列。

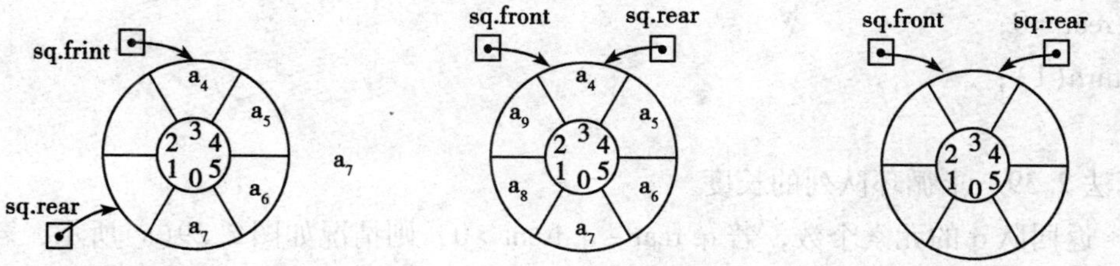

（a）在循环队列中插入新元素a　（b）插入a_8，a_9后循环队列满　（c）删除a_4-a_9后循环队列空

图2.28　用循环队列的方法虚溢出

总之，以上两种方法都要多占用1个存储空间，以区分队空还是队满。在下面的算法中，我们使用后者来区分。

将数组扩大，定义循环队列为

```
#define maxqsize 101        /*设置队列的最大长度为100*/
typedef struct sqque
{
    elementype  *base;        /*初始化的动态分配存储空间*/
    int front;        /*设置头指针，若队列非空，头指针指向队首元素*/
    int rear;        /*设置尾指针，若队列非空，尾指针指向队尾元素的下一个位置*/
}sqque;
```

在循环队列中，每插入一个新元素时，就将尾指针沿顺时针方向移动一个位置，即

```
sq. rear = sq. rear + 1;
if( sq. rear = = m + 1)    sq. rear = 0;
```

这两个语句也可以用下面的一个语句来代替：

```
sq. rear = ( sq. rear + 1) % ( m + 1);
```

其中，“%”为求模运算符。

同样，每删除一个新元素时，就把头指针沿顺时针方向移动一个位置，即

```
sq. front = sq. front + 1;
if sq. front = m + 1  sq. front: = 0;
```

它们也可以用下面的一个语句来代替：

```
sq. front = ( sq. front + 1) % ( m + 1);
```

下面给出循环队列置空、求循环队列的长度、元素插入和删除运算的算法。

算法2.38　循环队列置空

/*构造一个空循环队列，即申请队列所需的全部存储空间，并初始化队首和队尾指针，令它们为0。*/

```
int initque( sqque &q)
{
    q. base = ( elementype * ) malloc( maxqsize * sizeof( elementype) );
            /*申请队列q的存储空间*/
    if( !q. base)  return(0);        /*存储空间申请失败*/
    q. front = 0;        /*队空时队首和队尾指针均为0*/
```

```
    q. rear =0;
    return(1);
}
```

算法 2. 39　求循环队列的长度

/ * 返回队 q 的元素个数，若 q. rear - q. front >0，则情况如图 2. 29(a)所示，若 q. rear - q. front <0，则情况如图 2. 29(b)所示。算法用求模运算“%”实现。* /

```
int quelength(sqque q)
{
    return(q. rear - q. front + maxqsize) % maxqsize;
}
```

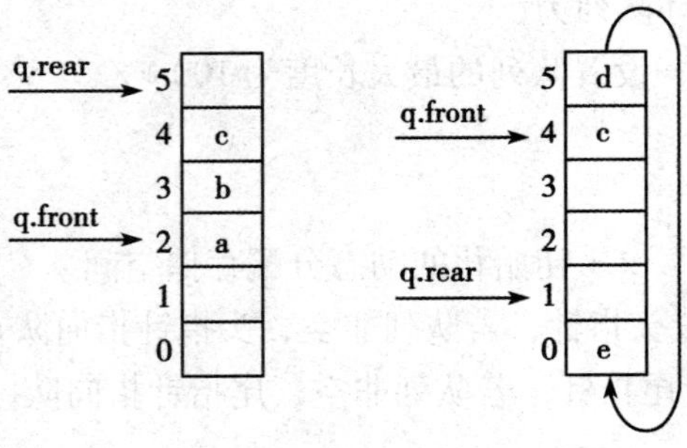

(a) q.rear−q.front>0　　(b) q.rear−q.front<0

图 2. 29　有三个元素的循环队列

算法 2. 40　元素插入

/ * 插入新元素 e，使之成为队 q 队尾元素。由于队空和队满均有 q. rear = q，front，为区分二者，将 (q. rear +1) % maxqsize = q. front 作为队满条件，即当队列还有一个空间时，就认为已经不能插入元素了，图 2. 30 显示这种情况。* /

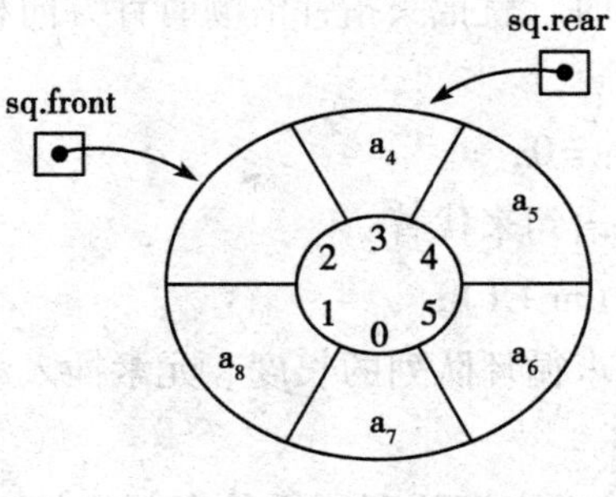

图 2. 30　(q. rear +1) % maxqsize = q. front

```
int enque(sqque &q,elementype e)
{
    if(q. rear +1) % maxqsize = = q. front)
    {
        printf("error");        / * 若队列已满,则无法插入新元素 * /
        return(0);
```

```
    }
    q.base[q.rear]=e;        /*新元素插在队尾*/
    q.rear=(q.rear+1)%maxqsize;        /*修改队尾指针*/
    return(1);
}
```

算法 2.41　删除元素

```
/*若队列非空，则删除队 q 的队首元素，用变量 e 返回其值，并返回成功标志 1。*/
int deque(sqque &q,elementype &e)
{
    if(q.front==q.rear)
        return(0);        /*空队列无法删除元素*/
    e=q.base[q.front];        /*删除队首元素送往 e 保存*/
    q.front=(q.front+1)%maxqsize;        /*修改队首指针*/
    return(1);        /*删除成功*/
}
```

2.4.4　子任务 4：队列的应用

队列的应用十分广泛。例如，在操作系统中对资源的请求都用队列来组织，各种应用系统中的事件规划、事件模拟以及非线性数据结构中的许多搜索问题，也都借助栈来实现。本节以车辆调度为例，介绍队列在实际中的应用。

图 2.31 显示的是一个车辆调度场。其中自东向西表示一个单向行驶的主车道，主车道设有进口和出口，其他车道为一些备用车道。现假设有一编号为 1，2，…，n 的汽车组成的车队以随机的次序先后进入主车道，要求按车号由小到大的顺序离开主车道。例如，若汽车以（3，6，9，2，4，7，1，8，5）的顺序进入进车道，则表示 3 号车最先到达，5 号车最后到达。现要求将汽车调度为（1，2，3，4，5，6，7，8，9），即 1 号车最先离开，9 号车最后离开。显然，如果没有备用车道是不能完成这个任务的。于是我们可假设有 k 条备用车道，通过备用车道来改变主车道里汽车排列的顺序。

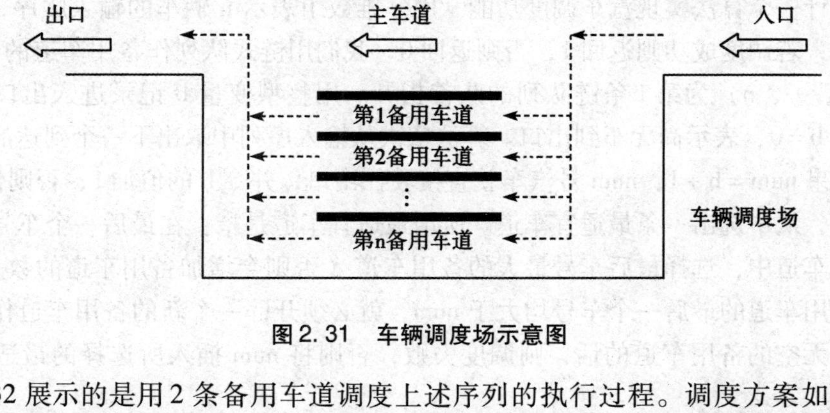

图 2.31　车辆调度场示意图

图 2.32 展示的是用 2 条备用车道调度上述序列的执行过程。调度方案如下：首先 3 号车进入第一备用车道，接着 6 号车和 9 号车相继进入第一备用车道，接下来我们从图中

看到2号、4号和7号车按入口排列的顺序被相继调度到第二备用车道，然后1号车直接到出口，2号车从第二备用车道开出并进入出口，3号车出1道、4号车出2道、8号车进2道、5号车开往出口、6号车从1道开出、7号车从2道开出、8号车从2道开出、9号车从1道开出，从而完成了车辆调度。

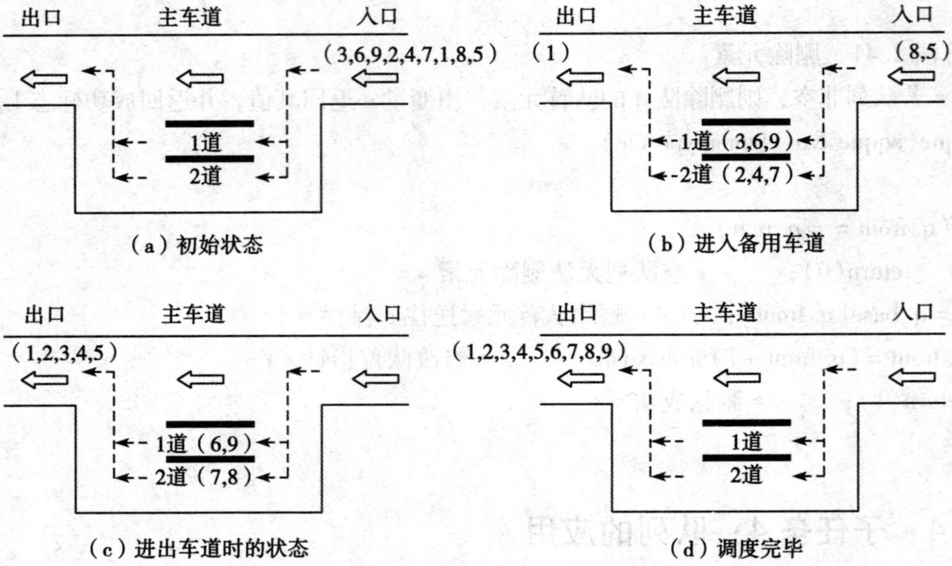

图2.32　2条备用车道的调度示例

若n号车进入第一备用车道，用（c1 < −n）表示，n号车从第二备用车道开出，开往出口用（n < −c2）表示，则操作序列是：（c1 < −3），（c1 < −6），（c1 < −9），（c2 < −2），（c2 < −4），（c2 < −7），1号车开往出口，（2 < −c2），（3 < −c1），（4 < −c2），（c2 < −8），5号车开往出口，（6 < −c1），（7 < −c2），（8 < −c2），（9 < −c1）。每个备用车道里的车辆都是严格按照先进先出的原则调度的。

值得注意的是，并不是所有调度问题都使用2条备用车道就能完成。例如，将上述序列改为（3，9，6，2，4，7，1，8，5）则最少用3条备用车道才能完成。究竟需要多少条备用车道才能确保调度成功呢？最坏的情况是n辆车，需要n−1条备用车道，也就是说当汽车开入的顺序和离去的顺序正好相反时，所用的备用车道数量最多。

下面设计一个算法实现汽车调度功能。用一维数组表示n辆车的输入顺序，k为备用车道的数目，若调度成功则返回1，否则返回0。我们用链式队列作备用车道的存储结构，h_i（i = 1，2，…，n）为第i条链队列的队首指针。用整型变量b记录进入出口的最大编号，初始时b = 0，表示尚无车到出口。算法依次从输入序列中取出下一个到达的车辆的编号num，如果num = b + 1，num号汽车就直接驶往出口，并令b的值加1，否则依次检查k条备用车道，从中选出一条最适宜车道。所谓最适宜车道是指：在最后一个车号小于num的所有非空车道中，选择最后车号最大的备用车道（否则会增加备用车道的数量）。如果所有非空备用车道的最后一个车号均大于num，就必须开辟一个新的备用车道作为最适宜车道。若已无空的备用车道的话，则调度失败，否则将num插入所选择的最适宜备用车道。

如果num已到达出口，接下来应依次检查非空的备用车道，若该车道的队首车号p恰好等于 b+1，则删除队首元素 p，将 p 送往出口，令 b 加 1，直到各非空备用车道的队首车号大于 b+1 或该车道为空。

当输入结束且各备用车道也均为空时，调度结束，返回成功标志 1，否则调度失败，返回 0。

算法 2.42

```
/*该算法完成将车号为 num 的车辆送入最适宜的车道的功能。若无最适宜的车道，则返回 0，否则返回 1。假设每条备用车道是一个链式队列，最多 10 条备用车道。所有头指针组成一个指针数组 h。*/
#define MAXN 10     /*假设备用车道的最大数 MAXN=10*/
typedef lque track[MAXN];
int hold(int num,track &h,int k)    /*将车号为 num 的车送往最适宜的车道,k 为备用车道数*/
{
    int x,i;
    int bestrack=0;    /*bestrack 记录最适宜的车道号,初值为 0*/
    int bestlast=0;    /*bestlast 记录最适宜的车道中的最大车号,初值为 0*/
    for(i=1;i<=k;i++)     /*从 1~k 逐个检查每条备用车道*/
    {
        if(!quempty(h[i]))     /*若第 i 条车道中有车*/
        {
            x=h[i].rear->data;     /*取出最后一辆车的车号*/
            if(num>x && x>bestlast)     /*如果有车道更适宜*/
            {
                bestrack=i;    /*新的第 i 条备用道成为新的最适宜的车道*/
                bestlast==x;     /*x 成为当前最适宜备用车道的最大车号*/
            }
        }
    /*第 i 条备用车道是空的*/
    else if(!bestrack)bestrack=i;     /*若未找到最适宜的车道,第 i 条空道作为最适宜的车道*/
    }   /*for*/
    if(!bestrack)return(0);     /*在备用车道中既没有适宜的,也没有空车道,则调度失败*/
    queen(h[bestrack],num);     /*将车号为 num 的车辆送入最适宜的车道*/
    printf("num=%d,bestrack=%d\n",num,bestrack); /*输出车号及所在的备用车道号*/
    return(1);
}
```

算法 2.43

```
/*本算法完成将备用车道上所有满足条件的车辆按指定的顺序输出*/
```

```
void out(track &h,int k,int n,int & last)
{      /* h 表示备用车道,k 表示当前提供的备用车道数,n 为最大车号,last 表示已输出的最大车号 */
    int num,i;
    int minnum,mintrack;      /* minnum 记录备用车道中最小的车号 num,mintrack 记录 num 所在的车道号 */
    do{
/* 若备用车道中最小车号恰好是已输出最大车号的后继,就将它输出,然后在备用车道中继续查找可能输出的车号 */
        minnum = n + 1;      /* 令 minnum 的初值大于最大车号 */
        for(i = 1;i < = k;++ i)    /* 在 k 个备用车道中查找最小车号 */
        {
            if( !quempty(h[i]))      /* 若第 i 条车道中有车 */
            {
                queget(h[i],num);      /* 取出第 i 条备用车道链队队首车号 */
                if(num < minnum)      /* 如果 num 是到目前为止最小的车号,则记录 num 及 num 所在的车道号 */
                {
                    minnum = num;
                    mintrack = i;
                }
            }
        }   /* for */
        if(minnum = last + 1)      /* 若最小车号恰是已输出最大车号的后继车号 */
        {
            quedel(h[mintrack],num);      /* 将该车号从相应备用车道链队中删除 */
            printf("num = % d,mintrack = % d\n",num,mintrack);      /* 输出车号 num 及它所在的车道号 */
            last++;   /* 已输出最大车号加 1 */
        }
    }while(minnum = = last);      /* 直到各备用车道中已无车辆或车道中最小车号大于 last */
}
```

算法 2.44

```
/* 使用 k 条备用车道, 将存放在数组 p 中的 n 辆车的序列调度为按车号递增序列 */
int cldu(int p[],int n,int k)
{
    track h;      /* h 为备用车道的头指针 */
    int b,c,i,f;
```

```
    for(i=1;i<=k;++i)      /*将表示k条备用道的链表初始化*/
        queinit(h[i]);
    f=1;    /*f为访问是否成功的标志*/
    b=0;    /*b记录已到达出口的车辆的最大车号*/
    for(i=0;(i<=n && f);++i)    /*若调度尚未失败,则逐个处理出入的汽车号*/
    {
        num=p[i];     /*取出第i个到达入口的车辆号*/
        if(num==b+1)    /*若它是已输出的最大车号的后继,就直接送往出口,而无需进入备用车道并打印相关信息*/
        {
            printf("将%d号车从入口直接送往出口",num);
            ++b;    /*已到达出口的车辆的最大号*/
            out(h,k,n,b);    /*将备用车道上所有可能输出的车号都输出*/
        }
        else    /*检查是否能将num送进备用车道*/
            f=hold(c,h,k);
    }
    for(i=1;i<=k;++i)    /*检查各备用车道中是否还有车,若有则调度失败,否则调度完毕*/
        if(!quempty(h[i]))
            f=0;
    return(f);
}
```

假如进入车道的汽车号序列事先存入数组x中，例如

int x=(3, 9, 6, 2, 4, 7, 1, 8, 5)

则cldu(x, 9, 3)调度成功，而cldu(x, 9, 2)调度失败。说明最少使用3条备用车道。使用栈结构同样能够解决这个问题，在此不作讨论。可考虑车号不连续的情况，对此算法加以改进。

2.5 任务5：

提交项目报告

(1) 子任务1：该项目的数据流分析。

(2) 子任务2：该项目的数据存储表示。

(3) 子任务3：算法设计。

（4）子任务4：实现该项目的功能及测试。

实训任务2

2-1　简述以下术语：线性表、顺序表、链表、静态链表。

2-2　描述以下概念的区别：头指针、头结点、首元结点。

2-3　填空

（1）在长度为n的顺序表的第i（1≤i≤n+1）个位置上插入一个元素，则必须向后移动________元素；若要删除第i（1≤i≤n）个位置上的元素，则必须向前移动________元素。

（2）顺序表中逻辑上相邻的元素的物理位置________紧邻。单链表中逻辑上相邻的元素的物理位置________紧邻。

（3）在单链表中，除了首元结点外，任一结点的存储位置由________指示。

（4）已知单链表中某个结点的地址，查找该结点的直接前趋的运算的时间复杂度为________，查找该结点的直接后继的运算的时间复杂度为________。

（5）已知p指着双向链表中第i个结点，则有p=p->llink->rlink=____________（1<i<n）。

（6）已知在双向链表中有p->llink->rlink->data=x则____________=x。

（7）已知在双向链表中第i-1，i，i+1个结点的值分别为C，B，A。p指着第i个结点，则p->rlink->data=________。

（8）已知在双向链表中第i-1，i，i+1个结点的值分别为C，B，A。p指着第i个结点，则B=____________=____________=____________。

（9）p指向非空循环链表head的尾结点，则关系式________成立。

（10）带头结点的单链表L为空的判别条件是________。

2-4　知线性表中的元素以递增的顺序排列并以向量作存储结构，试编写一算法，删除表中所有值大于mink且小于maxk的元素（注意：mink和maxk是给定的两个参数，它们的值可以和表中的元素相同，也可以不同），请统计算法中元素的移动数。

2-5　编写一个算法，在一个递增有序顺序表中删除重复的元素。

2-6　编写一个算法，将两个递增有序顺序表合并成一个有序表，并删除重复的元素。

2-7　已知L是无表头结点的单链表的首指针，且p结点既不是首元结点，也不是尾元结点，试从下列提供的答案中选择适当的语句序列。

（1）在p结点后插入s结点的语句序列是________________。

（2）在p结点前插入s结点的语句序列是________________。

（3）在表首插入s结点的语句序列是________________。

（4）在表尾插入s结点的语句序列是________________。

① p->next=s;

② p->next=p->next->next;

③ p->next=s->next;

④ s->next=p->next;

⑤ s－＞next＝L;

⑥ s－＞next＝NULL;

⑦ q＝p;

⑧ while（p－＞next!＝q） p＝p－＞next;

⑨ while（p－＞next!＝NULL） p＝p－＞next;

⑩ p＝q;

⑪ p＝L;

⑫ L＝s;

⑬ L＝p;

2-8 已知L是带表头结点的非空单链表的首指针，且p结点既不是首元结点，也不是尾元结点，试从下列提供的答案中选择适当的语句序列。

（1）删除p结点的直接后继结点的语句序列是________________。

（2）删除p结点的直接前趋结点的语句序列是________________。

（3）删除p结点的语句序列是________________。

（4）删除首元结点的语句序列是________________。

（5）删除尾元结点的语句序列是________________。

① p＝p－＞next;

② p－＞next＝p;

③ p－＞next＝p－＞next－＞next;

④ p＝p－＞next－＞next;

⑤ while（p!＝NULL） p＝p－＞next;

⑥ while（q－＞next!＝NULL） {p＝q; q＝q－＞next;}

⑦ while（p－＞next!＝q） p＝p－＞next;

⑧ while（p－＞next－＞next!＝q） p＝p－＞next;

⑨ while（p－＞next－＞next!＝NULL） p＝p－＞next;

⑩ q＝p;

⑪ q＝p－＞next;

⑫ p＝L;

⑬ L＝L－＞next;

⑭ free（q）;

2-9 指出下列算法的功能：

（1）

```
void change(linklist & head)      //head是无表头结点的单链表
{
    linklist q,p;
    if(head && head - >next)
    {
        q = head;
        head = head - >hext;
```

```
        p = head;
        while(p - > next)p = p - > next;
            p - > next = q;
        q - > next = NULL;
    }
}
```

(2)

```
void bb(node *s,node *q)
{
    linklist p;
    p = s;
    while(p - > next!= q)p = p - > next;
    p - > next = s;
}
//pa 和 pb 分别指向单循环链表中的两个结点，单链表的长度大于 1。
void aa(node *pa,node *pb)
{
    bb(pa,pb);
    bb(pb,pa);
}
```

2-10 写出下列程序段的输出结果。

```
void main()
{
    stack s;
    char x,y;
    initstack(s);       /*构造一个空栈 s*/
    x = 'c';
    y = 'k';
    push(s,x);       /*将新元素 x 插入到栈 s 中*/
    push(s,'a');
    push(s,y);
    pop(s,x);       /*从栈 s 中删除顶元 x*/
    push(s,'t');
    push(s,x);
    pop(s,x);
    push(s,'s');
    while(!stackempty(s))       /*判断栈 s 是否为空，若为空返回 1，否则返回 0*/
    {
        pop(s,y);
```

```
        printf(y);
    }
    printf(x);
}
```

2-11 简述下述算法的功能：

(1)

```
void a1(stack &s)
{
    int i,n,a[255];
    n=0;
    while(!stackempty(s))
    {
        n++;
        pop(s,a[n]);
    }
    for(i=1;i<=n;i++) push(s,a[i]);
}
```

(2)

```
void a2(stack &s,int e)
{
    stack t;
    int d;
    initstack(t);
    while(!stackempty(s))
    {
        pop(s,d);
        if(d!=e)push(t,d);
    }
    while(!stackempty(t))
    {
        pop(t,d);
        push(s,d);
    }
}
```

(3) 写出以下程序段的输出结果。

```
void main()
{
    queue q;
    char x='e';
```

```
    char y = 'c';
    initqueue(q);     /*构造一个空队列q*/
    enqueue(q,'h');     /*将元素h插入到队q的尾部*/
    enqueue(q,'r');
    enqueue(q,y);
    dequeue(q,x);     /*删除队q的队首元素x*/
    enqueue(q,x);
    dequeue(q,x);
    enqueue(q,'a');
    while(!queueempty(q))     /*当队q非空*/
    {
        dequeue(q,y);
        printf(y);
    }
    printf(x);
}
```

2-12 简述以下算法的功能。

```
void a3(queue &q)
{
    stack s;
    int d;
    initstack(s);     //构造一个空栈s
    while(!queueempty(q))     //当队q非空时
    {
        dequeue(q,d);     //从队q删除一个元素保存在d中
        push(s,d);     //将d中的元素插入到栈s里
    }
    while(!stackempty(s))     //当栈s非空
    {
        pop(s,d);     //弹出栈s的顶元保存在d中
        enqueue(q,d);     //将d插入到队q的尾部
    }
}
```

2-13 设有一个栈，元素进栈的次序为a，b，c。问经过栈操作可以得到哪些输出序列?

2-14 有字符串顺序为3 * y - a/y ↑ 2，试利用栈将顺序改为3y * ay2 ↑ / - 的操作步骤。用x代表扫描该字符串过程中顺序取一字符进栈的操作，用s代表从栈中取出一字符加入到新字符串尾的出栈操作，例如，ABC变成BCA，则操作步骤为xxsxss。

2-15 编写一个算法，将读入的一列字符（以“#”结尾），按逆序打印出来（不包

括“#”)。

2-16 编写一个递归函数，将读入的一列字符（以“#”结尾），按逆序打印出来。

2-17 二阶广义 Fibonacci 序列定义如下：1，1，2，3，5，8，13，…

即 $F(n)=1 \quad n=0,1$

$F(n)=F(n-1)+F(n-2) \quad n\geqslant 2$

试分别编写递归与非递归算法计算 Fibonacci 序列的第 n 项的值。

2-18 试编写一个判别表达式中开、闭括号是否正确配对出现的算法。

2-19 若以 1234 作为双端队列的输入序列，试分别求出满足下列条件的输出序列：

(1) 能由双端队列直接得到的输出序列；

(2) 能由输入受限双端队列得到，但不能由输出受限双端队列得到的输出序列；

(3) 能由输出受限双端队列得到，但不能由输入受限双端队列得到的输出序列；

(4) 既不能由输入受限双端队列得到，也不能由输出受限双端队列得到的输出序列。

2-20 已知 a[n]为一个整型数组，试写出实现下列运算的递归算法。

求数组 a 中的最大整数；

求数组 a 中的最小整数；

求数组 a 中 n 个整数之和；

求数组 a 中 n 个整数的平均值。

设以数组 cir[m]存放循环队列的元素，同时设置变量 rear 和 length 分别指示循环队列中队尾元素的位置和队列中所含元素的个数。试给出此循环队列队满的条件，并写出相应的插入和删除元素的算法。

一个无表头结点的循环单链表表示一个循环队列，该队列只设一个队尾指针 rear，不设队首指针，编写函数实现下列功能：

(1) 向循环队列中插入一个元素；

(2) 从循环队列中删除一个元素。

学习情境3

家族谱系管理系统的构建

“家族谱系管理系统的构建”工作任务单

<table>
<tr><td>项目名称</td><td colspan="3">项目3：家族谱系管理系统的构建
（课外：表达式求值问题）</td></tr>
<tr><td>学习领域</td><td colspan="3">树和二叉树的操作与应用</td></tr>
<tr><td>班级</td><td></td><td>小组成员
第（　）组</td><td></td></tr>
<tr><td colspan="4">一、目的
本项目的实质是完成对家谱成员信息的建立、查找、插入、修改、删除等功能，可以首先定义家族成员的数据结构，然后将每个功能写成一个函数来完成对数据的操作，最后完成主函数以验证各个函数功能并得出运行结果。
二、要求
1. 根据需求给出该项目的数据流分析；
2. 根据需求制定数据存储的表示；
3. 完成该项目的算法设计；
4. 实现该项目的具体功能及测试；
5. 提交项目成果。
三、环境要求
软件：Visual C++6.0
四、工作内容
（1）每个家谱成员的信息包括：姓名、性别、出生年月、亲属关系等。系统能够完成对家谱成员信息的查询、更新、插入、删除等功能。
（2）作为模拟系统，全部数据可以只存放在内存中。
（3）通过此系统可以实现如下功能。
① 录入：按不同的成员关系，对所有家谱成员的信息进行录入；
② 查询：按特定条件查找家谱成员的相关信息；
③ 更新：按编号对某个家谱成员的某项信息进行修改；
④ 插入：加入新成员的信息；
⑤ 删除：删除错误的家谱成员信息。</td></tr>
</table>

3.1 任务1:

树的基本概念

3.1.1 子任务1:树的相关术语

1. 树的定义:

树是由n(n≥0)个结点组成的有限集合(记为T):

(1)如果n=0,空树;

(2)如果n>0,则n个结点中存在(且仅存在)一个结点作为树的根结点,简称为根(root),其余结点可分为m(m>0)个互不相交的有限集T_1,T_2,…,T_m,其中每一个子集本身又是一棵树,称为根root的子树。

抽象数据类型树的定义:

```
ADT Tree
{
    数据对象:D= {ai|1≤i≤n, n≥0}
}
    数据关系:R={<ai,aj>|每个元素仅有一个前趋,零或多个直接后继,仅有一个元素没有前趋}
    基本运算:
InitTree(&t)
ClearTree(&t)
Parent(t)          //找直接前趋
Sons(t)            //找直接后继
…
}
```

树结构如图3.1所示。

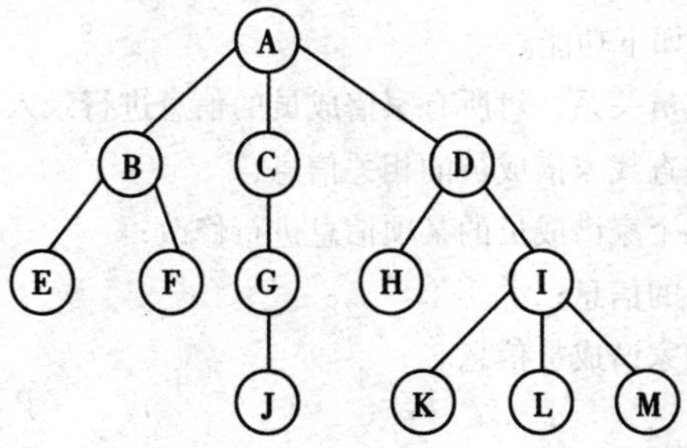

图3.1 树

2. 结点的度与树的度

树中某个结点的子树的个数称为该结点的度。

树中各结点的度的最大值称为树的度。

3. 分支结点与叶子结点

度不为零的结点称为非终端结点，又叫分支结点。

度为零的结点称为终端结点或叶子结点。

在分支结点中，每个结点的分支数就是该结点的度。

（1）度为1的结点，其分支数为1，称为单分支结点；

（2）度为2的结点，其分支数为2，称为双分支结点；

（3）其余类推。

4. 路径与路径长度：

对任意两个结点 k_i 和 k_j，若树中存在一个结点序列 k_i，k_{i1}，k_{i2}，…，k_{in}，k_j，使得序列中除 k_i 外的任意结点都是其在序列中的前一个结点的后继，则称该结点序列为由 k_i 到 k_j 的一条路径，用路径所通过的结点序列（k_i，k_{i1}，k_{i2}，…，k_j）表示这条路径。

路径长度等于路径所通过的结点数目减1（即路径上分支数目）。

5. 子女结点、双亲结点和兄弟结点

在一棵树中，每个结点的后继被称作该结点的子女结点（或孩子结点），该结点被称作子女结点的双亲结点（或父母结点）。

具有同一双亲的子女结点互为兄弟结点。

每个结点的所有子树中的结点称为该结点的子孙结点。

从树根结点到达该结点的路径上经过的所有结点被称作该结点的祖先结点。

6. 结点的层次和树的高度

结点的层次从树根开始定义，根结点为第1层，它的子女结点为第2层，以此类推。树中结点的最大层次称为树的高度（或树的深度）。

7. 有序树和无序树

若树中各结点的子树是按照一定的次序从左向右安排的，且相对次序不能随意变换，称为有序树，否则称为无序树。

8. 森林

$n(n>0)$ 个互不相交的树的集合称为森林。

把树的根结点删去就成了森林，若给n棵独立的树加上一个结点，并把这n棵树作为该结点的子树，则森林就变成了树。

3.1.2 子任务2：树的表示及存储结构

1. 树形表示法

这是树的最基本的表示，使用一棵倒置的树表示树结构，如图3.2所示。

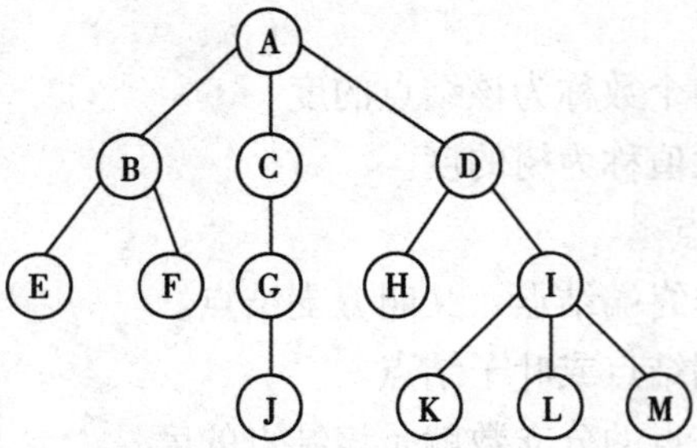

图 3.2　树形表示

2. 文氏图表示法

使用集合以及集合的包含关系描述树结构，如图 3.3 所示。

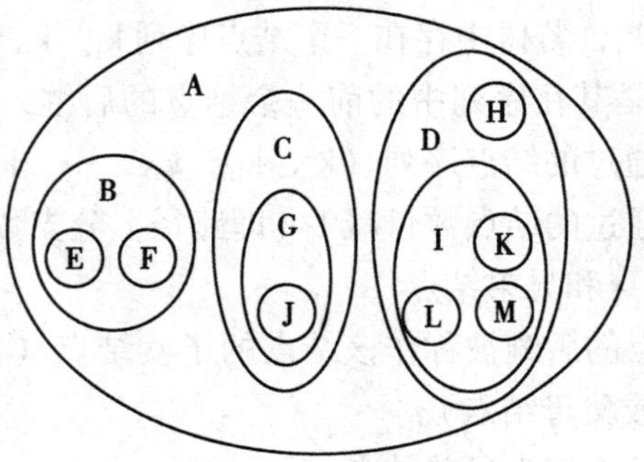

图 3.3　文氏图表示

3. 凹入表示法

使用线段的伸缩描述树结构，如图 3.4 所示。

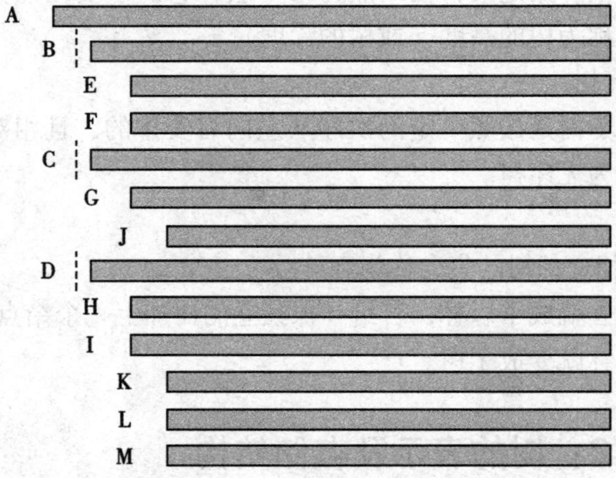

图 3.4　凹入表示

4. 括号表示法

将树的根结点写在括号的左侧，除根结点之外的其余结点写在括号中并用逗号间隔来描述树结构。

Ф(И(УбА)бС(П(О))бВ(РбШ(ЛбДбЬ)))

树的存储结构：

(1) **双亲存储结构**

采用顺序存储结构，用一组连续空间存储树的所有结点，同时在每个结点中附设一个伪指针指示其双亲结点的位置，如图 3.5 所示。

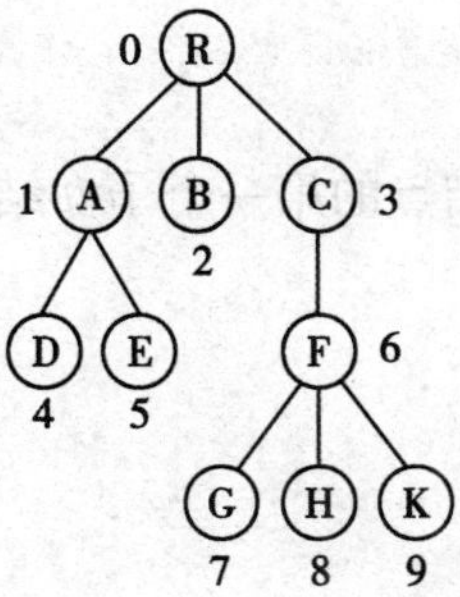

数组下标	结点的数据域	双亲位置
0	R	-1
1	A	0
2	B	0
3	C	0
4	D	1
5	E	1
6	F	3
7	G	6
8	H	6
9	K	6

图 3.5　树的双亲存储结构示意

双亲存储结构的类型定义如下：

```
typedef struct
{
    ElemType data;            //结点的值
    int parent;               //指向双亲的位置
} PTree[ MaxSize ];
```

(2) **子女链存储结构**

按树的度（即树中所有结点度的最大值）设计结点的子女结点指针域个数，如图 3.6 所示。

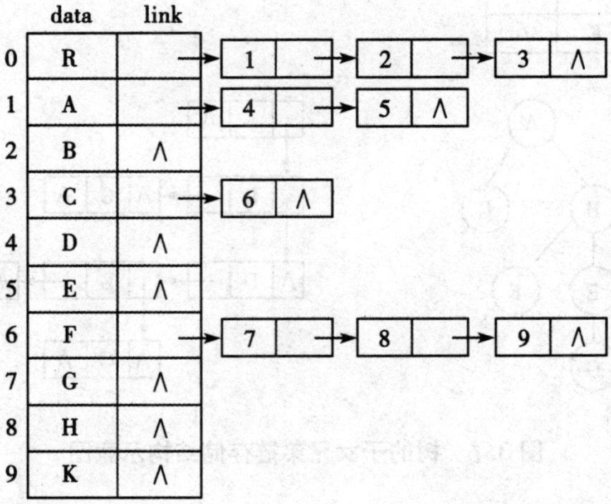

图 3.6　树的子女链存储结构示意图

子女链存储结构的结点类型定义如下：

```
typedef struct node
{
    ElemType data;                          //结点的值
    struct node * sons[MaxSons];            //指向子女结点
}TSonNode;
```

其中，MaxSons 为最多的子女结点个数。

带双亲的孩子链表：

（3）子女兄弟链存储结构

为每个结点设计三个域：数据元素域，该结点的第一个子女结点指针域，该结点的下一个兄弟结点指针域。

子女兄弟链存储结构中结点的类型定义如下：

```
typedef struct tnode
{
    ElemType data;          //结点的值
    struct tnode * hp;      //指向兄弟
    struct tnode * vp;      //指向子女结点
}TSBNode;
```

每个结点固定只有两个指针域。

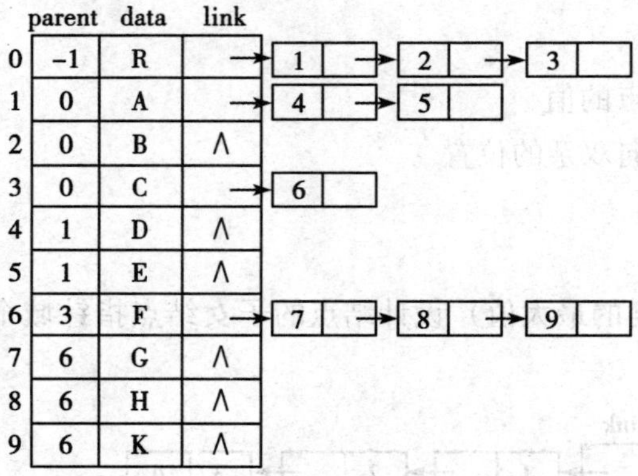

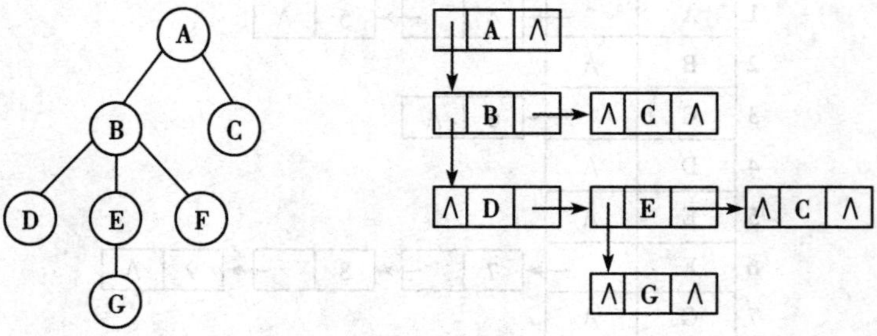

图 3.7　树的子女兄弟链存储结构示意图

3.2 任务2：

二叉树

3.2.1 子任务1：二叉树的概念

1. 二叉树的递归定义

二叉树(BinaryTree)是n(n≥0)个结点的有限集，它或者是空集(n=0)，或者由一个根结点及两棵互不相交的、分别称作这个根的左子树和右子树的二叉树组成。

2. 二叉树的五种基本形态

二叉树可以是空集；根可以有空的左子树或右子树；或者左、右子树皆为空。如图3.8所示。

3. 二叉树不是树的特例

(1) 二叉树与无序树不同

二叉树中，每个结点最多只能有两棵子树，并且有左右之分。

二叉树并非是树的特殊情形，它们是两种不同的数据结构。

(2) 二叉树与度数为2的有序树不同

在有序树中，虽然一个结点的子女结点之间是有左右顺序的，但是若该结点只有一个子女结点，就无须区分其左右顺序。而在二叉树中，即使是一个子女结点也有左右之分。

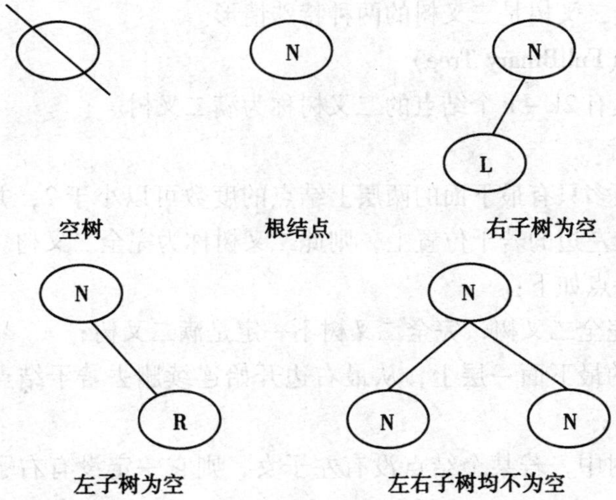

图3.8

4. 满二叉树和完全二叉树

在二叉树中，如果所有分支结点都有左右子女结点，且叶结点集中在二叉树的最下一层，称为满二叉树。

可对满二叉树的结点进行连续编号，编号从根结点为1开始，按照层数从小到大、同一层从左到右的顺序进行。如图 3.9 所示。

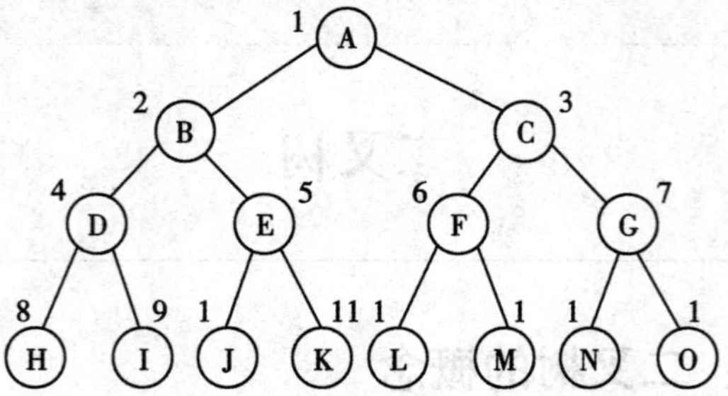

图 3.9　满二叉树

若二叉树中最多只有最下面两层的结点度数可以小于 2，且最下面一层的叶结点都排列在该层最左边的位置上，这样的二叉树称为完全二叉树。

可对完全二叉树中每个结点进行连续编号，方法同满二叉树。如图 3.10 所示。

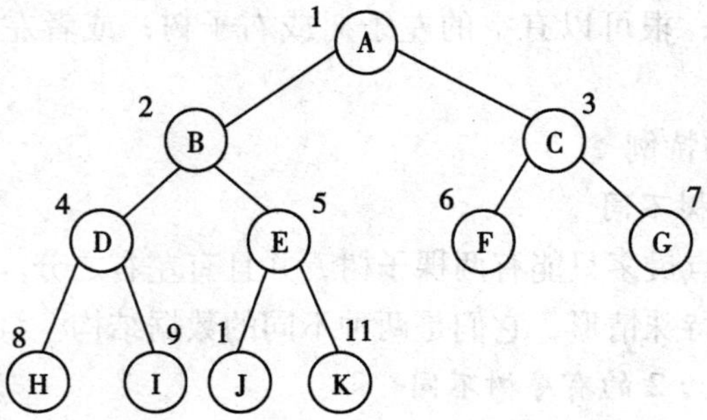

图 3.10　完全二叉树

满二叉树和完全二叉树是二叉树的两种特殊情形。

(1) 满二叉树（FullBinary Tree）

一棵深度为 k 且有 $2k-1$ 个结点的二叉树称为满二叉树。

(2) 完全二叉树

若一棵二叉树至多只有最下面的两层上结点的度数可以小于 2，并且最下面一层上的结点都集中在该层最左边的若干位置上，则此二叉树称为完全二叉树。

完全二叉树的特点如下：

① 满二叉树是完全二叉树，完全二叉树不一定是满二叉树；

② 在满二叉树的最下面一层上，从最右边开始连续删去若干结点后得到的二叉树仍然是一棵完全二叉树；

③ 在完全二叉树中，若某个结点没有左子女，则它一定没有右子女，即该结点必是叶结点。

3.2.2　子任务 2：二叉树的性质

【性质 1】非空二叉树上第 i 层上至多有 2^{i-1} 个结点，这里应有 $i \geq 1$。

证明：当 $i=1$ 时显然命题成立（第一层只有一个根结点），假设命题在 $i-1$ 时成立，即 i-1 层上最多只有 $2^{(i-1)-1}$ 个结点(i≥1)，根据二叉树的定义(每个结点最多只有两个子女结点)，第 i 层最多有：$2\times2^{(i-1)-1}$，即 2^{i-1} 个结点。

【性质2】深度为 k 的二叉树至多有 2^k-1 个结点(k≥1)。

证明：由性质1可得深度为 k 的二叉树最多的结点数（每层都达到最大结点数）：

$$2^0+2^1+2^2+\cdots+2^{k-1}$$

由二进制换算公式可得：

$$2^0+2^1+2^2+\cdots+2^{k-1}=2^k-1$$

【性质3】在任意一棵二叉树中，若终端结点的个数为 n_0，度为2的结点数为 n_2，则 $n_o=n_2+1$。

【性质4】具有 n 个结点的完全二叉树的深度为 $[\log_2 n]+1$ 即取大于 $[\log_2 n]$ 的整数。

【性质5】如果对一棵有 n 个结点的完全二叉树(其深度为 $[\log_2 n]+1$)的结点，按层编号(从第1层到第 $[\log_2 n]+1$ 层，每层从左到右)，其任一编号为 i 的结点(1≤i≤n)有：

(1) 若 i=1，则结点 i 是根，无双亲；

若 i>1，则结点 i 的双亲结点为 trunc(i/2)，如5号结点的双亲为 trunc(5/2)=2；

(2) 若 2i≤n，则结点 i 的左子女是 2i；如结点 i=2，2×2<5，左子女为4；若 2i>n，则结点 i 无左子女，如结点 i=3，2×3>5，无左子女；

(3) 若 2i+1≤n，则结点 i 的右子女是 2i+1，若 2i+1>n，则结点 i 无右子女。

3.2.3 子任务3：二叉树的存储结构

二叉树的存储结构：二叉树主要有顺序存储结构和链式存储结构两种。

1. 二叉树的顺序存储结构

二叉树的顺序存储结构可以采用一维数组和二维数组两种形式。

一维数组：存放完全二叉树，用一组地址连续的存储单元即数组，依次自上而下、自左而右存储完全二叉树上的结点元素，即将完全二叉树上编号为 i 的结点元素存储在数组中下标为 i-1 的分量中。如图3.11所示。

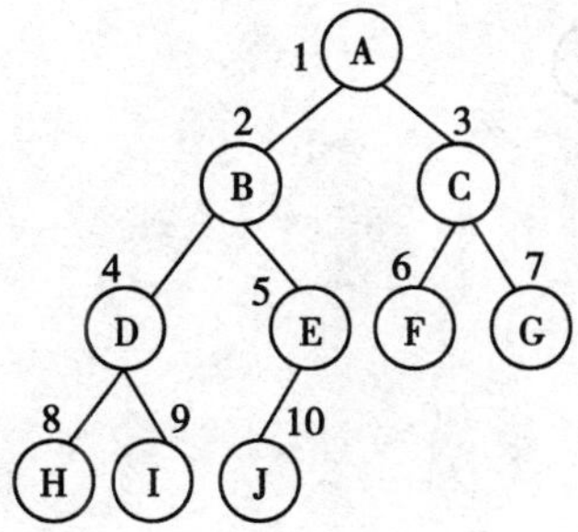

下标

0	1	2	3	4	5	6	7	8	9
A	B	C	D	E	F	G	H	I	J

图3.11 完全二叉树的顺序存储结构

一般二叉树的顺序存储结构如图3.12所示。

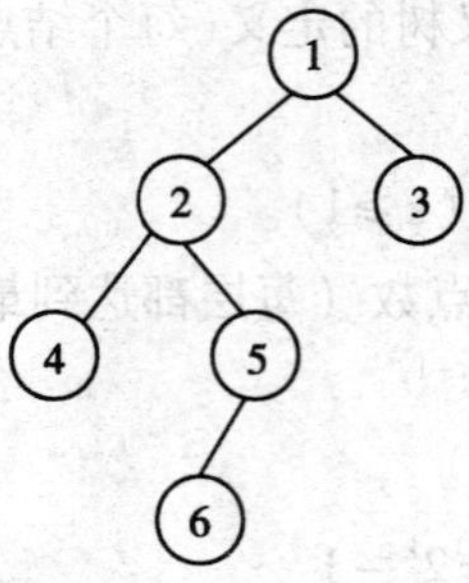

下标

0	1	2	3	4	5	6	7	8	9
1	2	3	4	5	∧	∧	∧	∧	6

图 3. 12　一般二叉树的顺序存储结构

2. 二叉树的链式存储结构

结点的形式，如图 3. 13 所示。

由数据域和左右指针域，三个域组成，三个域分别用 data，lchild 和 rchild 表示，其中数据域 data 存放该结点所包含的数据，左、右指针（lchild 和 rchild）域分别指向该结点的左子女和右子女，当子女结点不存在时相应的指针域为空，此结构称为二叉链表结构。

lchild	data	rchild

lchild	data	parent	rchild

图 3. 13　结点的形式

例如：二叉树如图 3. 14 所示。

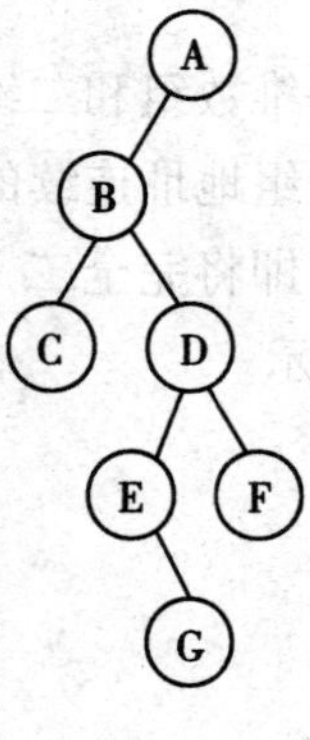

图 3. 14

二叉链表结构如图 3. 15 所示。

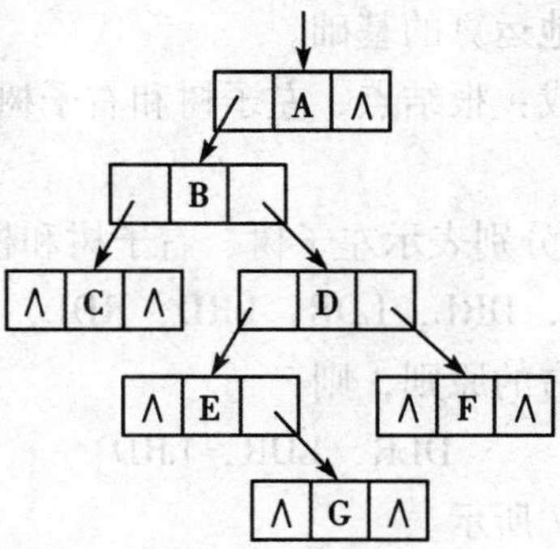

图3.15

三叉链表结构如图3.16所示。

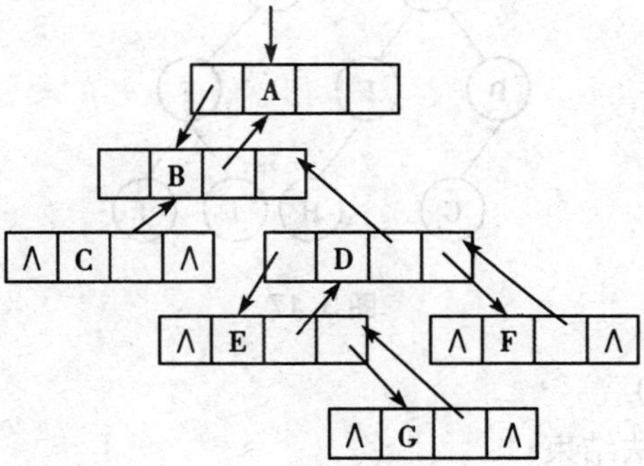

图3.16

二叉链表的类型描述：

```
Typedef struct node
{
    ElemType data;                    /* 数据元素 */
    struct node  *lchild, *rchild;    /* 左右子女的指针 */
} BTNode;
```

3.3 任务3：

二叉树的遍历

3.3.1 子任务1：二叉树的遍历算法及实现

二叉树遍历的概念

1. 遍历的定义

所谓遍历，就是按某条搜索路径，对树中每个结点都访问到且只访问一次。它是最基本的运算，是二叉树中所有其他运算的基础。

二叉树由三个基本单位组成：根结点、左子树和右子树。若能依次遍历这三部分，即遍历了整个二叉树。

遍历的方案：设 L，R，D 分别表示左子树、右子树和根结点，则依次访问的顺序

DLR，DRL，LDR，LRD，RDL，RLD

规定访问时要遵守先左后右的原则，则：

DLR，LDR，LRD

【例 3.1】 二叉树如图 3.17 所示。

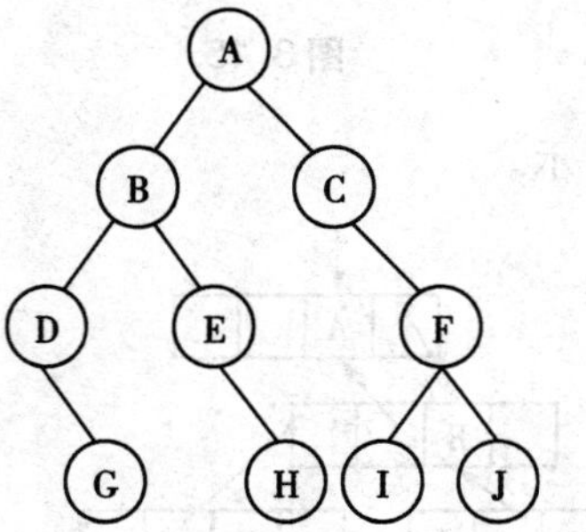

图 3.17

(1) **先序遍历**（DLR）

若二叉树为空，则算法结束；

若非空访问根结点；

按先序遍历左子树；

按先序遍历右子树。

如例 3.1 的先序遍历是：ABDGEHCFIJ。

(2) **中序遍历**（LDR）

若二叉树为空，则算法结束；

若非空按中序遍历左子树；

访问根结点；

按中序遍历右子树。

如例 3.1 的中序遍历是：DGBEHACIFJ。

(3) **后序遍历**（LRD）

若二叉树为空，则算法结束；

若非空按后序遍历左子树；

按后序遍历右子树；

访问根结点。

如例 3.1 的后序遍历是：GDHEBIJFCA。

(4) **层次遍历**

从上到下，从左到右，依次访问结点。

如例 3.1 的层次遍历是：ABCDEFGHIJ。

2. 树的遍历

树的遍历运算是指按某种方式访问树中的每一个结点且每一个结点只被访问一次。有以下三种遍历方法：先根遍历、后根遍历、层次遍历。

先根遍历：

(1) 访问根结点；

(2) 按照从左到右的顺序先根遍历各棵子树。

后根遍历：

(1) 按照从左到右的顺序后根遍历各棵子树；

(2) 访问根结点。

层次遍历：

自上而下由左至右访问树中每个结点。

【例3.2】如图3.18所示。

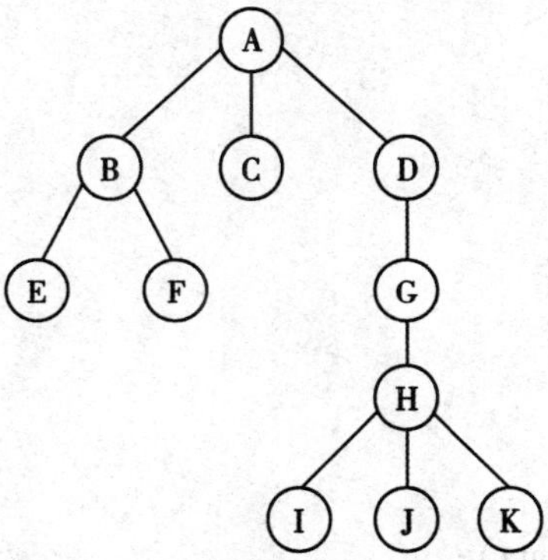

图3.18

先根遍历的结点访问顺序：A B E F C D G H I J K

后根遍历的结点访问顺序：E F B C I J K H G D A

层次遍历的结点访问顺序：A B C D E F G H I J K

3. 森林的遍历

森林本身是由若干棵树构成的，因此森林的遍历和树的遍历类似，遍历的方法有两种：先序遍历和后序遍历。

先序遍历：

(1) 若森林为空，则遍历结束；

(2) 若非空访问第一棵树的根节点；

(3) 先序遍历第一棵树中根节点的子树；

(4) 先序遍历除去第一棵树之后剩余的子树构成的森林。

后序遍历：

(1) 若森林为空，则遍历结束；

(2) 若非空后序遍历森林中第一棵子树；

(3) 后序遍历森林中除第一棵树后剩余子树构成的森林。

【例3.3】如图3.19所示。

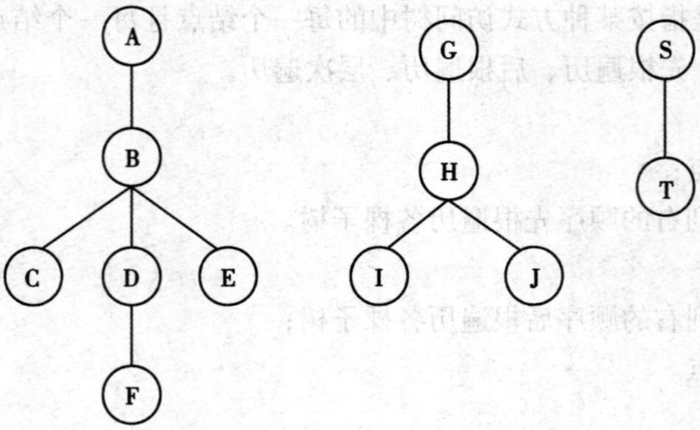

图3.19

先序遍历：ABDEHFCGIJST

后序遍历：DHEFBAIJGCTS

4．二叉树遍历的递归算法

(1) 先序遍历

算法3.1

```
preorder(BTNode bt)
{
    if(bt)
    {
        printf("%c",bt->data);
        preorder(bt->lchild);
        preorder(bt->rchild);
    }
}
```

(2) 中序遍历

算法3.2

```
inorder(BTNode bt)
{
    if(bt)
    {
        inorder(bt->lchild);
        printf("%c",bt->data);
        inorder(bt->rchild);
    }
}
```

(3) 后序遍历

算法3.3

```
endorder(BTNode bt)
```

```
{
    if(bt)
    {
        endorder(bt->lchild);
        endorder(bt->rchild);
        printf("%c",bt->data);
    }
}
```

算法 3.4

二叉树的遍历完整程序

```
#define NULL 0
typedef struct node{
    char data;
    struct node *lchild,
*rchild;
}BTNode;

main()
{BTNode s;
    int i,j=-1;
ab:
printf("\n\t1:create the bitree");
printf("\n\t2:preorder the bitree");
printf("\n\t3:inorder the bitree");
printf("\n\t2:endorder the bitree");
printf("\n\t0:exit");
printf("\n now create the bitree,please input data:\n");
createbitree(&s);
while(j)
    {printf("\ninput a number(0-4):");
    scanf("%d",&i);
    if(i==1) goto ab;
    if(i==2) {preorder(s);}
    if(i==3) {inorder(s);}
    if(i==4) {endorder(s);}
    if(i==0) {exit(0);}
    }
}
```

(4) 建立二叉树（二叉链表）

创建二叉树 CreateBTNode(*b, *str)，如图 3.20 所示。

用 ch 扫描采用括号表示法表示二叉树的字符串。分以下几种情况。

① 若 ch='('：则将前面刚创建的结点作为双亲结点进栈，并置 k=1，表示其后创建的结点将作为这个结点的左子女结点。

② 若 ch=')'：表示栈中结点的左右子女结点处理完毕，退栈。

③ 若 ch=','：表示其后创建的结点为右子女结点；k=2。

④ 其他情况：表示要创建一个结点，并根据 k 值建立它与栈中结点之间的联系，当 k =1 时，表示这个结点作为栈中结点的左子女结点；当 k =2 时，表示这个结点作为栈中结点的右子女结点。如此循环直到 str 处理完毕。算法中使用一个栈 St 保存双亲结点，top 为其栈指针，k 指定其后处理的结点是双亲结点（保存在栈中）的左子女结点（k =1）还是右子女结点（k =2）。

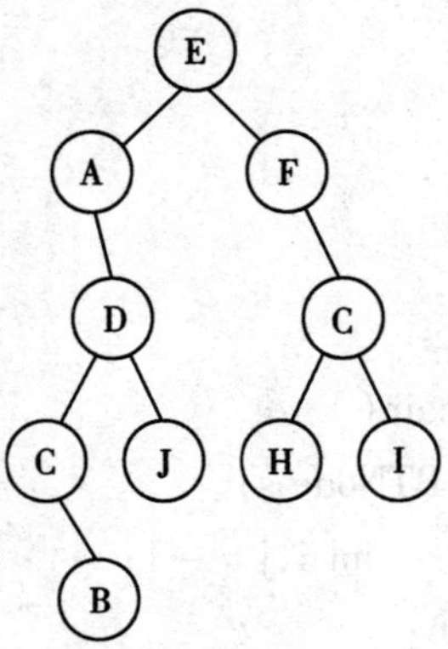

图 3. 20

算法 3. 5

```
void CreateBTNode(BTNode * &b,char * str)
{
    BTNode * St[MaxSize], * p;
    int top = -1,k,j =0;
    char ch;
    b = NULL;        /* 建立的二叉树初始时为空 */
    ch = str[j];
    while(ch!= '\0')        /* str 未扫描完时循环 */
    {
        switch(ch)
        {
            case'(':top++;St[top] = p;k = 1;break;        /* 为左子女结点 */
            case')':top--;break;
            case',':k = 2;break;        /* 为右子女结点 */
            default:p = (BTNode *)malloc(sizeof(BTNode));
                p->data = ch;p->lchild = p->rchild = NULL;
                if(b = = NULL)        /*  *p 为二叉树的根结点 */
                    b = p;
                else        /* 已建立二叉树根结点 */
                {
                    switch(k)
                    {
```

```
                    case 1:St[top] - >lchild = p;break;
                    case 2:St[top] - >rchild = p;break;
                }
            }
        }
        j++ ;ch = str[j];
    }
}
```

3.3.2　子任务2：二叉树的恢复

同一棵二叉树具有唯一先序序列、中序序列和后序序列，但不同的二叉树可能具有相同的先序序列、中序序列和后序序列。

说明1：任何 n(n≥0)个不同结点的二叉树，都可由它的中序序列和先序序列唯一地确定。

例如，已知先序序列为 ABDGCEF，中序序列为 DGBAECF，则构造二叉树的过程如图3.21 所示。

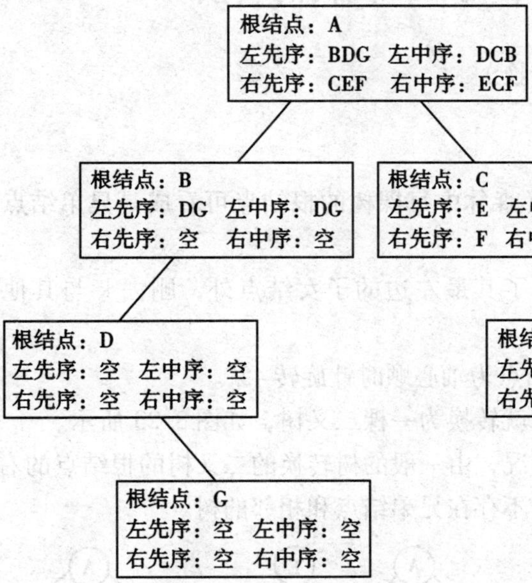

图3.21

说明2：任何 n(n>0)个不同结点的二叉树，都可由它的中序序列和后序序列唯一地确定。

例如，已知中序序列为 DGBAECF，后序序列为 GDBEFCA。对应的构造二叉树的过程如图3.22 所示。

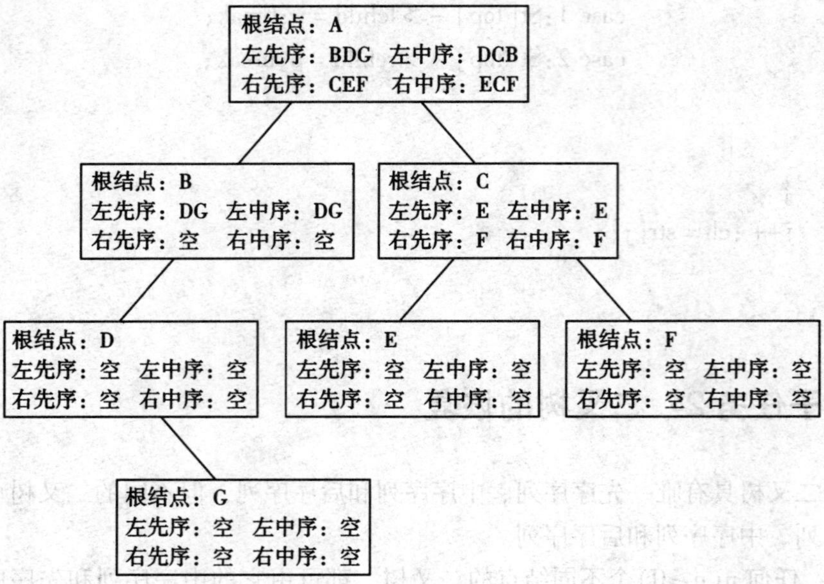

图 3.22

3.3.3 子任务 3：森林、树和二叉树的转换

森林、树与二叉树之间的转换

1. 森林、树转换为二叉树

步骤如下：

（1）在所有相邻兄弟结点（森林中每棵树的根结点可看成是兄弟结点）之间加一水平连线；

（2）对每个非叶结点 k，除了其最左边的子女结点外，删去 k 与其他子女结点的连线；

（3）所有水平线段以左边结点为轴心顺时针旋转 45°。

通过以上步骤，原来的森林就转换为一棵二叉树，如图 3.23 所示。

一般的树是森林中的特殊情况，由一般的树转换的二叉树的根结点的右子女结点始终为空，原因是一般的树的根结点不存在兄弟结点和相邻的树。

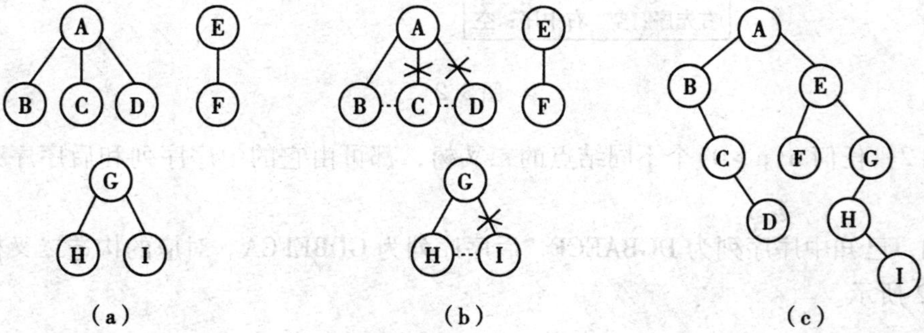

图 3.23 将森林转换为二叉树的过程

2. 二叉树还原为森林、树

步骤如下：

（1）对于一棵二叉树中任一结点 k_0，沿着 k_0 的左子女结点 k_1 的右子树方向搜索所有右子女结点，即搜索结点序列 k_2，k_3，…，k_m，其中 k_{i+1} 为 k_i 的右子女结点（$1 \leqslant i < m$），k_m 没有右子女结点；

（2）删去 k_1，k_2，…，k_m 之间连线；

（3）若 k_i 有双亲结点 k，则连接 k 与 k_i（$2 \leqslant i \leqslant m$）；

（4）将图形规整化，使各结点按层次排列。如图 3.24。

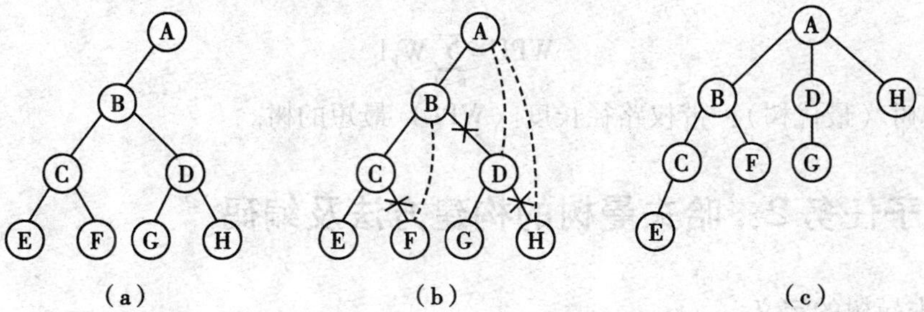

图 3.24　将一棵二叉树还原为树的过程

3.4　任务4：

哈夫曼树

3.4.1　子任务1：树的带权路径长度

路径：从树中一个结点到另一个结点之间的分支构成这两个结点间的路径。

结点的路径长度：两结点间路径上的分支数。

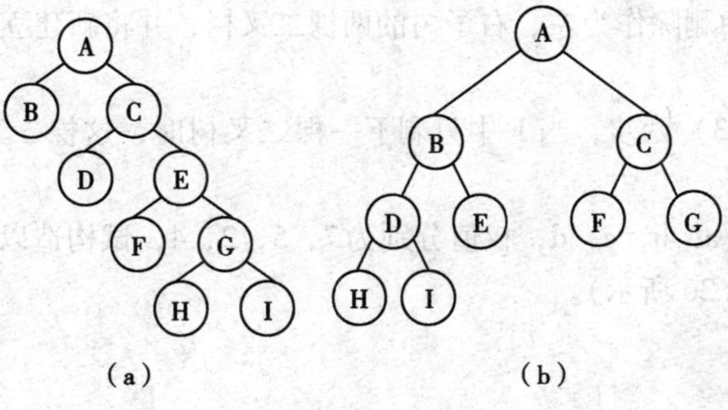

图 3.25

如图 3.25(b) 从 A 到 B，C，D，E，F，G，H，I 的路径长度分别为 1，1，2，2，2，2，3，3。

树的路径长度：从树根到每一个结点的路径长度之和，记作：TL

TL(a) = 0 + 1 + 1 + 2 + 2 + 3 + 3 + 4 + 4 = 20

TL(b) = 0 + 1 + 1 + 2 + 2 + 2 + 2 + 3 + 3 = 16

完全二叉树是路径长度最短的二叉树。

权：将树中结点赋给一个有着某种含义的数值，则这个数值称为该结点的权。

结点的带权路径长度：从根结点到该结点之间的路径长度与该结点的权的乘积。

树的带权路径长度：树中所有叶子结点的带权路径长度之和。

记作：

$$WPL = \sum_{k=1}^{n} W_k l_k$$

哈夫曼树（最优树）：带权路径长度（WPL）最短的树。

3.4.2　子任务2：哈夫曼树的构建方法及编码

1. 哈夫曼树的定义

设二叉树具有 n 个带权值的叶子结点，那么从根结点到各个叶子结点的路径长度与相应结点权值的乘积的和，叫做二叉树的带权路径长度。

其中，n 表示叶子结点的数目，w_i 和 l_i 分别表示叶子结点 k_i 的权值和从根到 k_i 之间的路径长度（即从叶子结点到达根结点的分支数）。

具有最小带权路径长度的二叉树称为哈夫曼树。

2. 构造哈夫曼树

根据哈夫曼树的定义，一棵二叉树要使其 WPL 值最小，必须使权值越大的叶子结点越靠近根结点，而权值越小的叶子结点越远离根结点。那么如何构造一棵哈夫曼树呢？其方法如下：

（1）由给定的 n 个权值 $\{W_1, W_2, \cdots, W_n\}$ 构造 n 棵只有一个叶子结点的二叉树，从而得到一个二叉树的集合 $F = \{T_1, T_2, \cdots, T_n\}$；

（2）在 F 中选取根结点的权值最小和次小的两棵二叉树作为左、右子树构造一棵新的二叉树，这棵新的二叉树根结点的权值为其左、右子树根结点权值之和；

（3）在集合 F 中删除作为左、右子树的两棵二叉树，并将新建立的二叉树加入到集合 F 中；

（4）重复（2）(3）两步，当 F 中只剩下一棵二叉树时，这棵二叉树便是所要建立的哈夫曼树。

例：有 4 个结点 a，b，c，d，权值分别为 7，5，2，4，试构造以此 4 个结点为叶子结点的二叉树（如图 3.26 所示）。

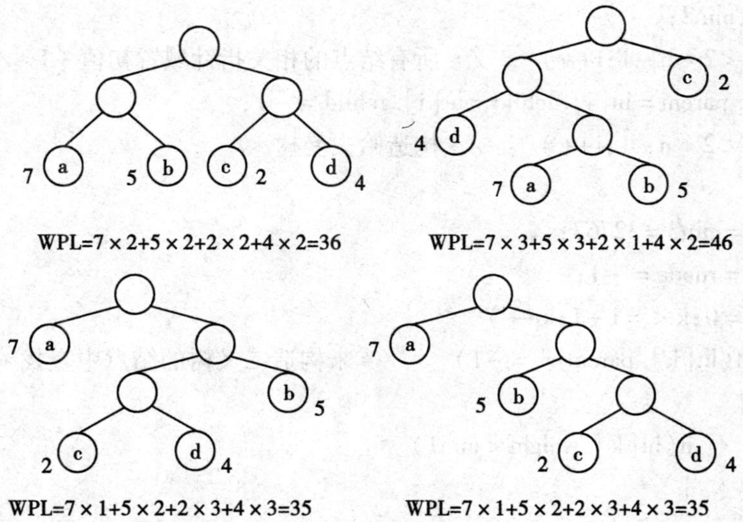

图3.26

图3.26中后两个为最优二叉树。

例：给定权值W=(1，3，5，7)来构造一棵哈夫曼树，如图3.27所示。

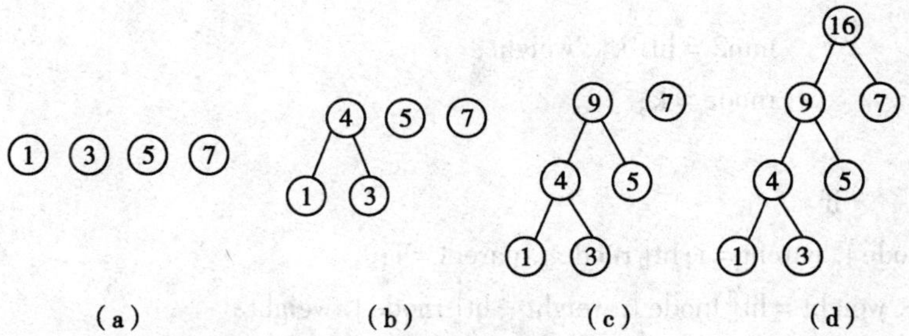

图3.27 构造一棵哈夫曼树的过程

为了实现构造哈夫曼树的算法，设计哈夫曼树中每个结点类型如下。

```
typedef struct
{
    char data;      /*结点值*/
    float weight;     /*权重*/
    int parent;     /*双亲结点*/
    int lchild;     /*左子女结点*/
    int rchild;     /*右子女结点*/
}HTNode;
```

构造哈夫曼树的算法如下。

算法3.6

```
void CreateHT(HTNode ht[],int n)
{
    int i,j,k,lnode,rnode;
```

```
float min1,min2;
for(i=0;i<2*n-1;i++)        /*所有结点的相关指针域置初值-1*/
    ht[i].parent=ht[i].lchild=ht[i].rchild=-1;
for(i=n;i<2*n-1;i++)        /*构造哈夫曼树*/
{
    min1=min2=32767;
    lnode=rnode=-1;
    for(k=0;k<=i-1;k++)
        if(ht[k].parent==-1)        /*未构造二叉树的结点中查找*/
        {
            if(ht[k].weight<min1)
            {
                min2=min1;rnode=lnode;
                min1=ht[k].weight;lnode=k;
            }
            else if(ht[k].weight<min2)
            {
                min2=ht[k].weight;
                rnode=k;
            }
        }    /*if*/
    ht[lnode].parent=i;ht[rnode].parent=i;
    ht[i].weight=ht[lnode].weight+ht[rnode].weight;
    ht[i].lchild=lnode;ht[i].rchild=rnode;
}
}
```

3. 哈夫曼编码

具体构造方法如下：设需要编码的字符集合为{d_1, d_2, …, d_n}，各个字符在电文中出现的次数集合为{w_1, w_2, …, w_n}，以 d_1, d_2, …, d_n 作为叶结点，以 w_1, w_2, …, w_n 作为各根结点到每个叶结点的权值构造一棵二叉树，规定哈夫曼树中的左分支为0，右分支为1，则从根结点到每个叶结点所经过的分支对应的0和1组成的序列便为该结点对应字符的编码，这样的编码称为哈夫曼编码。

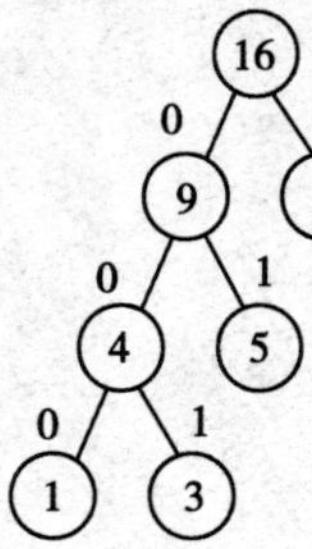

图3.28

如图3.28，对应的哈夫曼编码如下：

1：000　　3：001　　5：01　　7：1

为了实现构造哈夫曼编码的算法，设计存放每个结点哈夫曼编码的类型如下。

```
typedef struct
{
    char cd[N];      /*存放当前结点的哈夫曼码*/
    int start;      /*存放哈夫曼码在数组cd中的起始位置*/
}HCode;
```

根据哈夫曼树求对应的哈夫曼编码的算法如下：

算法3.7

```
void CreateHCode(HTNode ht[],HCode hcd[],int n)
{
    int i,f,c;
    HCode hc;
    for(i=0;i<n;i++)       /*根据哈夫曼树求哈夫曼编码*/
    {
        hc.start=n;c=i;
        f=ht[i].parent;
        while(f!=-1)      /*循环直到无双亲结点,即到达树根结点*/
        {
            if(ht[f].lchild==c)      /*当前结点是左子女结点*/
                hc.cd[hc.start--]='0';
            else      /*当前结点是右子女结点*/
                hc.cd[hc.start--]='1';
            c=f;f=ht[f].parent;      /*再对双亲结点进行同样的操作*/
        }
        hc.start++;      /*start指向哈夫曼编码最开始字符*/
        hcd[i]=hc;
    }
}
```

例：如果需传送的电文为“ABCACCDAEAE”，即：A，B，C，D，E的频率（即权值）分别为0.36，0.1，0.27，0.1，0.18，试构造哈夫曼编码。

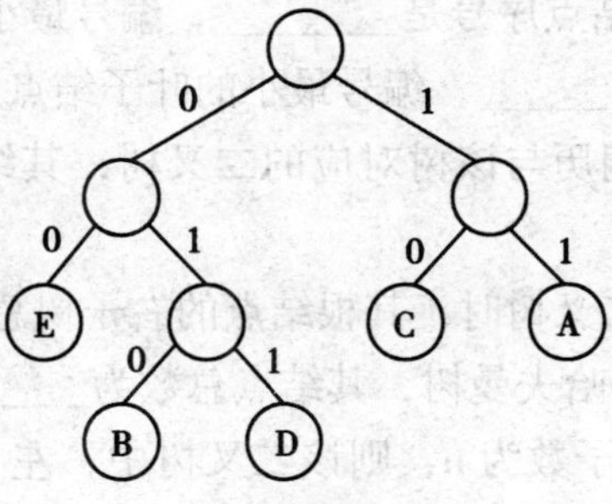

图3.29

如图 3.29，编码：A：11

C：10

E：00

B：010

D：011

则电文“ABCACCDAEAE”便为“110101011101001111001100”

（共 24 位，比 33 位短）。

3.5　任务 5：

提交项目报告

（1）子任务 1：该项目的数据流分析。

（2）子任务 2：该项目的数据存储表示。

（3）子任务 3：算法设计。

（4）子任务 4：实现该项目的功能及测试。

实训任务 3

3-1　二叉树第 i(i > =1)层上至多有________个结点。

3-2　深度为 k(k > =1)的二叉树至多有________个结点。

3-3　具有 n 个结点的完全二叉树的深度为________。

3-4　具有 n 个结点的二叉树中，一共有________个指针域，其中只有________个用来指向结点的左右子女，其余的________个指针域为 NULL。

3-5　若二叉树的一个叶子是某子树的中根遍历序列中的第一个结点，则它必是该子树的后根遍历序列中的第________个结点。

3-6　在________遍历二叉树的序列中，任何结点的子树上的所有结点，都是直接跟在该结点之后。

3-7　具有 n 个结点的完全二叉树，若按层次从上到下、从左到右对其编号（根结点为 1 号），则编号最大的分支结点序号是________，编号最小的分支结点序号是________，编号最大的叶子结点序号是________，编号最小的叶子结点序号是________。

3-8　先根遍历树和先根遍历与该树对应的二叉树，其结果________（填“相同”或“不同”）。

3-9　由________转换成二叉树时，其根结点的右子树总是空的。

3-10　有 m 个叶子结点的哈夫曼树，其结点总数为________。

3-11　若一棵二叉树的叶子数为 n，则该二叉树中，左、右子树皆非空的结点个数为

________。

3-12　任意一棵具有 n 个结点的二叉树，若它有 m 个叶子，则该二叉树上度数为 1 的结点为________个。

3-13　现有按中序遍历二叉树的结果为 ABC，问有________种不同形态的二叉树可以得到这一遍历结果。

3-14　以数据集{4，5，6，7，10，12，18}为叶结点权值所构造的哈夫曼树的带权路径长度为________。

3-15　已知一棵度为 3 的树有 2 个度为 1 的结点，3 个度为 2 的结点，4 个度为 3 的结点，则该树中有________个叶子结点。

3-16　以下说法中错误的是（　　）。

A. 树形结构的特点是一个结点可以有多个直接前趋

B. 线性结构中的一个结点至多只有一个直接后继

C. 树形结构可以表达（组织）更复杂的数据

D. 树（及一切树形结构）是一种“分支层次”结构

E. 任何只含一个结点的集合是一棵树

3-17　以下说法中错误的是（　　）。

A. 完全二叉树上结点之间的父子关系可由它们编号之间的关系来表达

B. 在三叉链表上，二叉树的求双亲结点运算很容易实现

C. 在二叉链表上，求根、求左、右子女结点等很容易实现

D. 在二叉链表上，求双亲结点运算的时间性能很好

3-18　深度为 6 的二叉树最多有（　　）个结点。

A. 64　　B. 63　　C. 32　　D. 31

3-19　将含有 83 个结点的完全二叉树从根结点开始编号，根结点为 1 号，后面按从上到下、从左到右的顺序对结点编号，那么编号为 41 的双亲结点编号为（　　）。

A. 42　　B. 40　　C. 21　　D. 20

3-20　任何一棵二叉树的叶结点在其先根、中根、后根遍历序列中的相对位置（　　）。

A. 肯定发生变化　　B. 有时发生变化

C. 肯定不发生变化　　D. 无法确定

3-21　设深度为 k 的二叉树上只有度为 0 和度为 2 的节点，则这类二叉树上所含结点总数最少为（　　）个。

A. $k+1$　　B. $2k$　　C. $2k-1$　　D. $2k+1$

3-22　下列说法中正确的是（　　）。

A. 树的先根遍历序列与其对应的二叉树的先根遍历序列相同

B. 树的先根遍历序列与其对应的二叉树的后根遍历序列相同

C. 树的后根遍历序列与其对应的二叉树的先根遍历序列相同

D. 树的后根遍历序列与其对应的二叉树的后根遍历序列相同

3-23　设森林 T 中有 4 棵树，第一、二、三、四棵树的结点个数分别是 n_1，n_2，n_3，n_4，那么当把森林 T 转换成一棵二叉树后，且根结点的右子树上有（　　）个结点。

A. n_1-1　　B. n_1　　C. $n_1+n_2+n_3$　　D. $n_2+n_3+n_4$

3-24　已知某二叉树的后续遍历序列是 dabec，中序遍历序列是 deabc，它的前序遍历序列是（　）。

A. acbed　　B. deabc　　C. decab　　D. cedba

3-25　如果 T2 是由有序树 T 转化而来的二叉树，那么 T 中结点的前序就是 T2 中结点的（　　）。

A. 前序　　B. 中序　　C. 后序　　D. 层次序

3-26　二叉树的前序遍历序列中，任意一个结点均处在其子女结点的前面，这种说法（　）。

A. 正确　　B. 错误

3-27　树最适合用来表示（　　）。

A. 有序数据元素　　B. 无序数据元素

C. 元素之间具有分支层次关系的数据　　D. 元素之间无联系的数据

3-28　在计算递归函数时，如不使用递归过程，则一般情况下必须借助于（　　）数据结构。

A. 栈　　B. 树　　C. 双向队列　　D. 顺序表

3-29　堆(Heap)是（　　）。

A. 完全二叉树　　B. 线性表　　C. 满二叉树

3-30　以下说法中错误的是（　　）。

A. 存在这样的二叉树，对它采用任何顺序的遍历，其结点访问序列均相同

B. 二叉树是树的特殊情形

C. 由树转换成二叉树，其根结点的右子树总是空的

D. 在二叉树只有一棵子树的情况下也要明确指出该子树是左子树还是右子树

3-31　假设一棵二叉树的中序序列为：DCBGEAHFIJK，后序序列为：DCEGBFHKJIA，画出该树。

3-32　假设用于通讯的电文仅由 8 个字母构成，字母在电文中出现的频率分别为：0.07、0.19、0.02、0.06、0.32、0.03、0.21、0.10，试为这 8 个字母设计哈夫曼编码。

学习情境4

电网建设造价计算的构建

“电网建设造价计算”工作任务单

<table>
<tr><td>项目名称</td><td colspan="3">项目4：电网建设造价计算
（课外：景区旅游信息管理系统）</td></tr>
<tr><td>学习领域</td><td colspan="3">图的操作与应用</td></tr>
<tr><td>班级</td><td></td><td>小组成员
第（ ）组</td><td></td></tr>
<tr><td colspan="4">一、目的
通过完成本工作任务，使学生能够根据用户需求合理选择数据结构，并能制定出合理的算法设计方案。假设一个城市有 n 个小区，要实现 n 个小区之间的电网都能够相互接通，构造这个城市 n 个小区之间的电网，使总工程造价最低。请设计一个能满足要求的造价方案。
二、要求
（1）根据需求给出该项目的数据流分析；
（2）根据需求制定数据存储的表示；
（3）完成该项目的算法设计；
（4）实现该项目的具体功能及测试；
（5）提交项目成果。
三、环境要求
软件：Visual C++ 6.0
四、工作内容
（1）在每个小区之间都可以设置一条电网线路，相应的都要付出一点经济代价。n 个小区之间最多可以有 n（n-1）/2 条线路，选择其中的 n-1 条使总的耗费最少。可以用连通网来表示 n 个城市之间以及 n 个城市之间可能设置的电网线路，其中网的顶点表示小区，边表示两个小区之间的线路，赋予边的权值表示相应的代价。对于 n 个顶点的连通网可以建立许多不同的生成树，每一棵生成树都可以是一个电路网。现在，要选择总耗费最少的生成树，就是构造连通网的最小代价生成树的问题，一颗生成树的代价就是树上各边的代价之和。
（2）设 G=(V, E)是具有 n 个顶点的网络，T=(U, TE)为 G 的最小生成树，U 是 T 的顶点集合，TE 是 T 的边集合。Prim 算法的基本思想是：首先从集合 V 中任取一顶点（例如取顶点 v_0）放入集合 U 中，这时 $U=\{v_0\}$，TE=NULL。然后找出所有一个顶点在集合 U 里，另一个顶点在集合 V-U 里的边，使权（u, v)(u∈U, v∈V-U）最小，将该边放入 TE，并将顶点 v 加入集合 U。重复上述操作直到 U=V 为止。这时 TE 中有 n-1 条边，T=(U, TE)就是 G 的一棵最小生成树。
（3）假设图采用邻接矩阵表示法表示，用一对顶点的下标（在顶点表中的下标）表示一条边，定义如下：</td></tr>
</table>

```
typedef struct{
    int start_vex,stop vex;      //边的起点和终点
    AdjType weight;     //边的权
}Edge;
```

在构造最小生成树的过程中定义一个类型为 Edge 的数组 mst：Edge mst[n-1]；其中，n 为网络中顶点的个数，算法结束时，mst 中存放求出的最小生成树的 n-1 条边。

可以用带权的无向图（即无向网）表示这 n 个小区之间的电网连接，其中顶点表示小区，权值表示城市之间电网建设的造价，构造一个无向网的最小生成树即是满足要求的最低电网连接造价方案。

4.1 任务1：

图的基本概念

4.1.1 子任务1：图的相关术语

图是另一种非线性数据结构，是一种更为复杂的数据结构。在图中，数据元素之间是多对多的关系，即一个数据元素对应多个直接前驱元素和多个直接后继元素。图的应用领域十分广泛，如化学分析、工程设计、遗传学、人工智能等。本章的主要学习内容包括图的定义、图的存储结构、图的遍历、图的最小生成树、关键路径和最短路径。

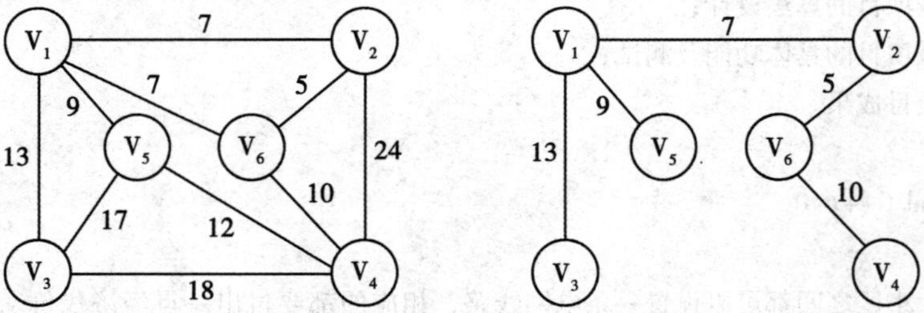

图 4.1

4.1.1.1 图的概念

图（Graph）是图形结构的简称。它是一种复杂的非线性数据结构。图在各个领域都有着广泛的应用。图的二元组定义为：

$$G=(V,\ E)$$

其中 V 是非空的顶点集合，即

$$V=\{vi \mid 1<=i<=n,\ n>=1,\ vi \in elemtype,\ n \text{为顶点数}\}$$

E 是 V 上顶点的序偶或无序对的集合，即对应边的集合。

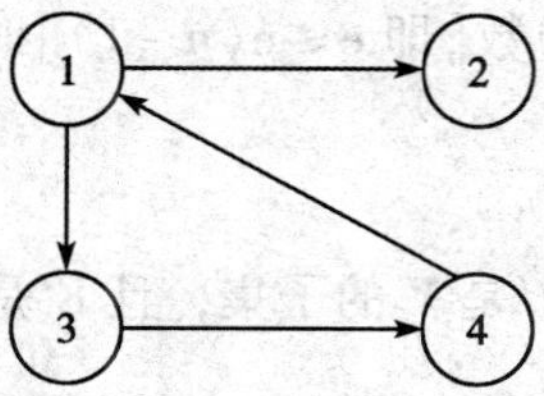

图4.2 （G1）有向图

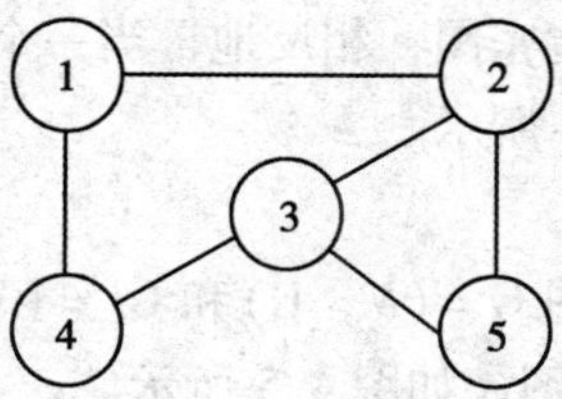

图4.3 （G2）无向图

如图4.2(G1)有向图的二元组表示：

V(G1) = {1，2，3，4}

E(G1) = {<1，2>，<1，3>，<3，4>，<4，1>}

如图4.3(G2)无向图的二元组表示：

V(G2) = {1，2，3，4，5}

E(G2) = {(1，2)，(1，4)，(2，3)，(2，5)，(3，4)，(3，5)}

4.1.1.2　图的基本术语

1．端点和邻接点

在一个无向图中，若存在一条边（vi，vj），则称vi，vj为此边的两个端点，并称它们互为邻接点（Adjacent），即vi是vj的一个邻接点，vj也是vi的一个邻接点。

在一个有向图中，若存在一条边 < vi，vj >，则称此边是顶点vi的一条出边（Outedge），顶点vj的一条入边（Inedge）；称vi为此边的起始端点，简称起点或始点，vj为此边的终止端点，简称终点；称vi和vj互为邻接点，并称vj是vi的出边邻接点，vi是vj的入边邻接点。

2．顶点的度、入度、出度

无向图顶点v的度（Degree）定义为以该顶点为一个端点的边的数目，简单地说，就是该顶点的边的数目，记为D(v)。如图4.3(G2)2中v_1顶点的度为2，v_2顶点的度为3。有向图中顶点v的度有入度和出度之分，入度（Indegree）是该顶点的入边的数目，记为ID(v)；出度（Outdegree）是该顶点的出边的数目，记为OD(v)；顶点v的度等于它的入度和出度之和，即D(v) = ID(v) + OD(v)。

3．完全图、稠密图、稀疏图

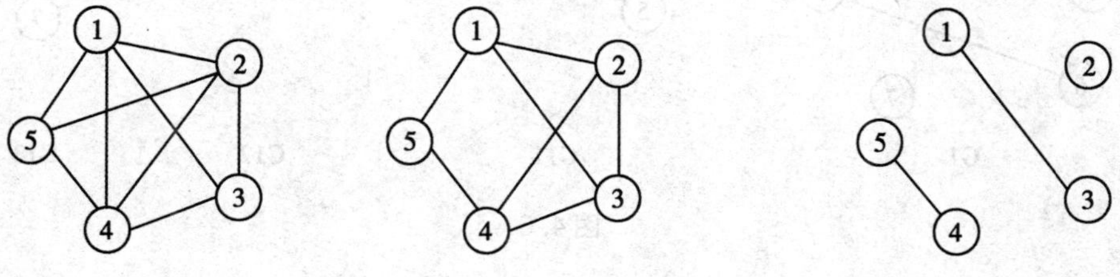

G1　　G2　　G3

图4.4

若无向图中的每两个顶点之间都存在着一条边，有向图中的每两个顶点之间都存在着方向相反的两条边，则称此图为完全图。显然，若完全图是无向的，则图中包含有n(n-1)/2条边，若完全图是有向的，则图中包含有n(n-1)条边。当一个图接近完全图时，则可称为稠密图，相反地，当一个图有较少的边数[即 $e \leqslant n(n-1)$]时，则可称为稀疏图。如图 4.4 所示。

4. 子图

设有两个图 $G=(V, E)$ 和 $G'=(V', E')$，若 V′是 V 的子集，且 E′是 E 的子集，则成 G′是 G 的子图。如图 4.5 所示。

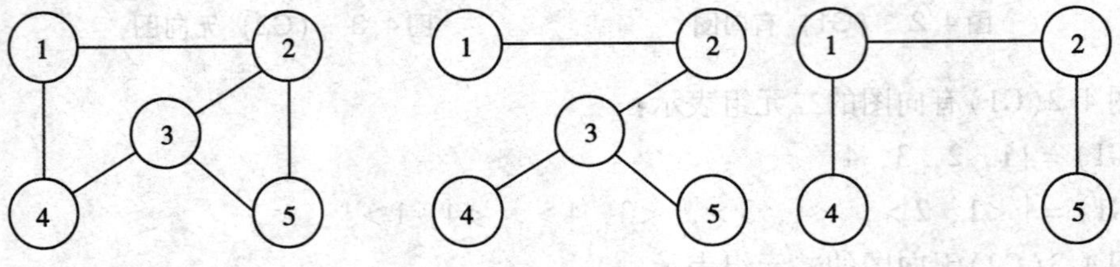

（a）　　（b）子图

图 4.5

5. 路径和回路

在一个图 G 中，从顶点 v 到顶点 v′的一条路径（Path）是一个顶点序列 vi0，vi1，vi2，vim，其中 v = vi0，v′ = vim，若此图是无向图，则（vi，j - 1，vij）∈ E(G)，（1≤j≤m）；若此图是有向图，则 <vi，j - 1，vij> ∈ E(G)，（1≤j≤m）。路径长度是指该路径上经过的边的数目。若一条路径上除了前后端点可以相同外，所有顶点均不同，则称此路径为简单路径。若一条路径上的前后两端点相同，则被称为回路或环（Cycle），前后两端点相同的简单路径被称为简单回路或简单环。

6. 连通和连通分量

在无向图 G 中，若从顶点 vi 到顶点 vj 有路径，则称 vi 和 vj 是连通的。若图 G 中任意两个顶点都连通，则称 G 为连通图，否则称为非连通图。无向图 G 的极大连通子图称为 G 的连通分量。显然，任何连通图的连通分量只有一个，即本身，而非连通图有多个连通分量。如图 4.6 所示。

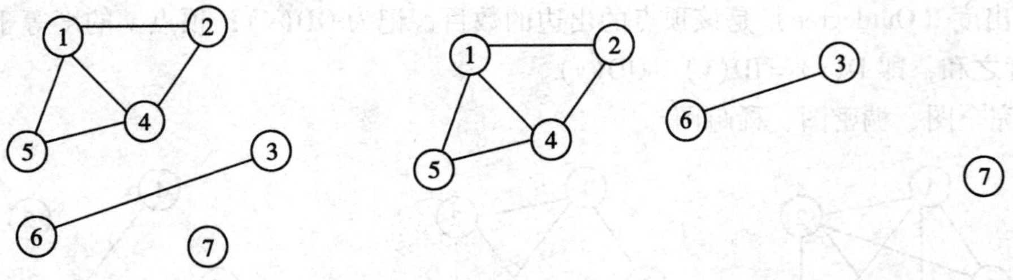

G1　　G11　　G12　　G13

图 4.6

7. 强连通图和强连通分量

在有向图 G 中，若从顶点 vi 到顶点 vj 有路径，则称从 vi 到 vj 是连通的。若图 G 中的任意两个顶点 vi 和 vj 都连通，即从 vi 到 vj 和从 vj 到 vi 都存在路径，则称 G 是强连通图。有向图 G 的极大强连通子图称为 G 的强连通分量。显然，强连通图只有一个强连通分量，即本身，非强连通图有多个强连通分量。如图 4.7 所示。

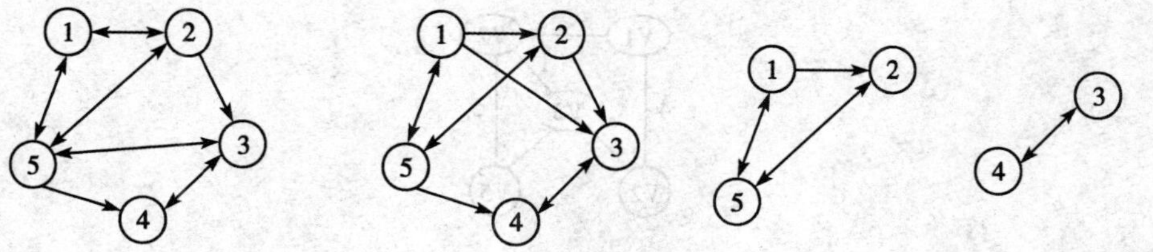

G1　　G2　　G21　　G22

图 4.7

8. 权和网

在一个图中，每条边可以标上具有某种含义的数值，此数值称为该边的权（Weight）。例如，对于一个反映城市交通线路的图，边上的权可表示该条线路的长度或等级；对于一个反映电子线路的图，边上的权可表示两端点间的电阻、电流或电压；对于一个反映零件装配的图，边上的权可表示一个端点需要装配另一个端点的零件的数量；对于一个反映工程进度的图，边上的权可表示从前一子工程到后一子工程所需要的天数。边上带有权的图称作带权图，也常称作网（Network）。

4.1.2 子任务2：图的表示

1. 邻接矩阵

邻接矩阵（Adjacency matrix）是表示顶点之间相邻关系的矩阵。设 G＝(V，E)是具有 n 个顶点的图，顶点序号依次为 1，2，…，n，则 G 的邻接矩阵是具有如下定义的 n 阶方阵。

$$Ai,\ j=\begin{cases}1, & \text{对于无向图：}(vi,\ vj)\text{或}(vj,\ vi)\in E(G)\\ & \text{对于有向图：}<vi,\ vj>\in E(G)\\ 0, & \text{反之}\end{cases}$$

无向图邻接矩阵如图 4.8 所示。

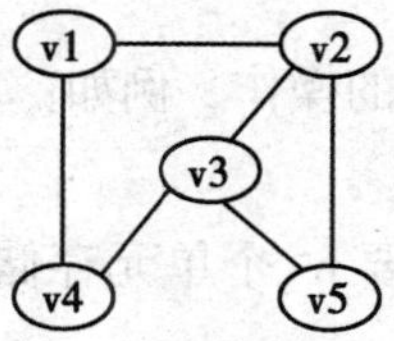

	v1	v2	v3	v4	v5
v1	0	1	0	1	0
v2	1	0	1	0	1
v3	0	1	0	1	1
v4	1	0	1	0	0
v5	0	1	1	0	0

图 4.8

无向网邻接矩阵如图 4.9 所示。

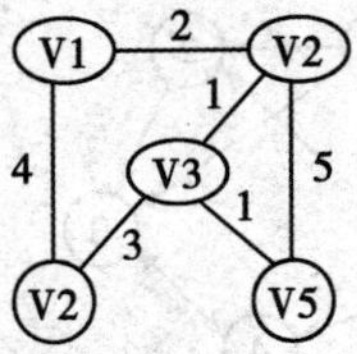

	V1	V2	V3	V4	V5
V1	0	2	∞	4	∞
V2	2	0	1	∞	5
V3	∞	1	0	3	1
V4	4	∞	3	0	∞
V5	∞	5	1	∞	0

图 4.9

有向图邻接矩阵如图 4.10 所示。

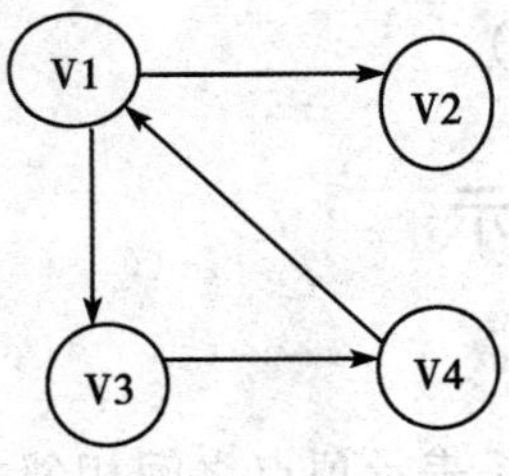

	V1	V2	V3	V4
V1	0	1	1	0
V2	0	0	0	0
V3	0	0	0	1
V4	1	0	0	0

图 4.10

邻接矩阵法的优点：容易实现图的操作，例如：求某顶点的度、判断顶点之间是否有边（弧）、找顶点的邻接点等。

邻接矩阵法的缺点：n 个顶点需要 n^2 个单元存储边（弧）；空间效率为 $o(n^2)$。对稀疏图而言尤其浪费空间。

邻接矩阵存储的图类型定义

```
#define MAX 100              /* MAX 为图中顶点最多个数 */
typedef int vextype;          /* vextype 为顶点的数据类型 */
typedef struct{
    vextype vex[MAX];           /* 一维数组存储顶点信息 */
    int arc[MAX][MAX];            /* 邻接矩阵存储边(弧)信息 */
    int vn,en;            /* vn 顶点数和 en 边数 */
}MGraph;          /* 图类型 */
```

2. 邻接表

邻接表（Adjacency List）是对图中的每个顶点建立一个邻接关系的单链表，并把它们的表头指针用向量存储的一种图的表示方法。为顶点 vi 建立的邻接关系的单链表又称作 vi 的邻接表。vi 邻接表中的每个结点用来存储以该顶点为端点或起点的一条边的信息，因而被称为边结点。vi 邻接表中的结点数，对于无向图来说，等于 vi 的边数、邻接点数或度数；对于有向图来说，等于 vi 的出边数、出边邻接点数或出度数。

无向图的邻接表如图 4.11 所示。

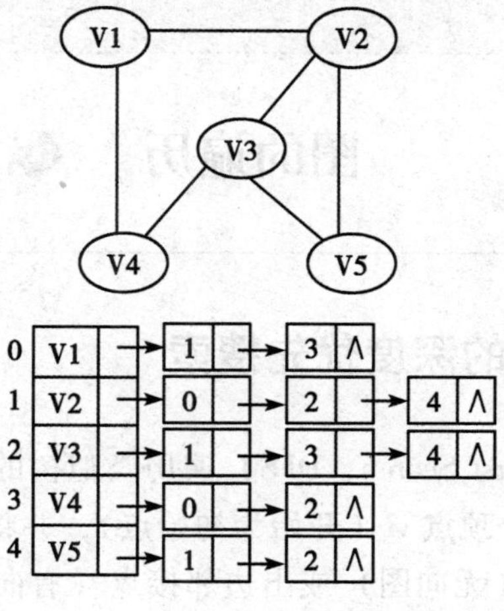

图 4.11

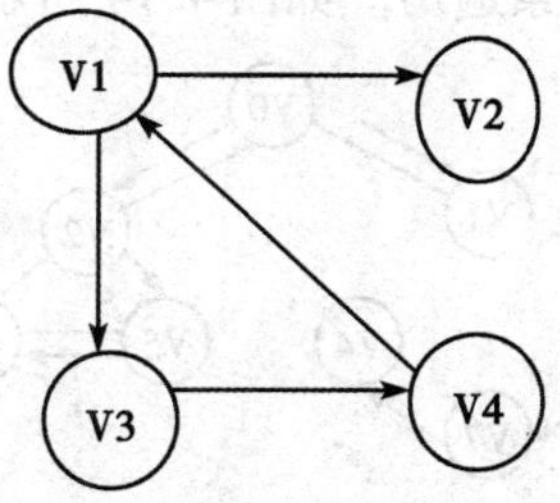

图 4.12

有向图 4.12 的邻接表如图 4.13 所示。

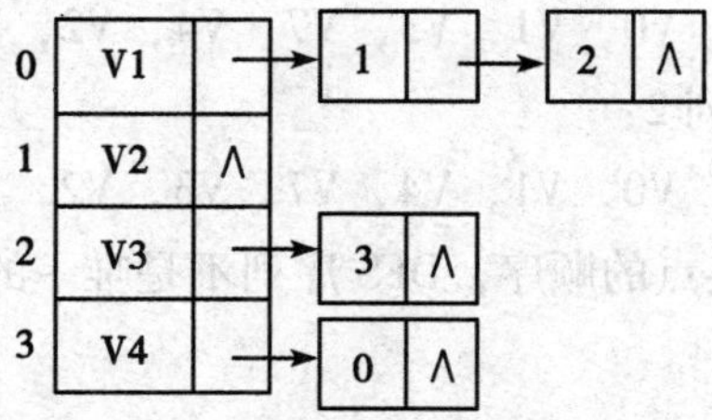

图 4.13

邻接表的优点：空间效率高；容易寻找顶点的邻接点。

邻接表的缺点：判断任意两顶点间是否有边或弧，需搜索两结点对应的单链表，没有邻接矩阵方便。

邻接表存储的图类型定义：

```
typedef struct arcnode
{
    int adjvex;
    struct arcnode * next;
} ArcNode, * Arc;
```

4.2 任务2：

图的遍历

4.2.1 子任务1：图的深度优先搜索

深度优先搜索（Depth First Search，DFS）遍历类似树的先根遍历，它是一个递归过程，可叙述为：首先访问一个顶点 vi（开始为初始点），并将其标记为已访问过，然后从 vi 的一个未被访问的邻接点（无向图）或出边邻接点（有向图）出发进行深度优先搜索遍历，当 vi 的所有邻接点均被访问过时，则退回到上一个顶点 vk，从 vk 的另一个未被访问过的邻接点出发进行深度优先搜索遍历。如图 4.14 所示。

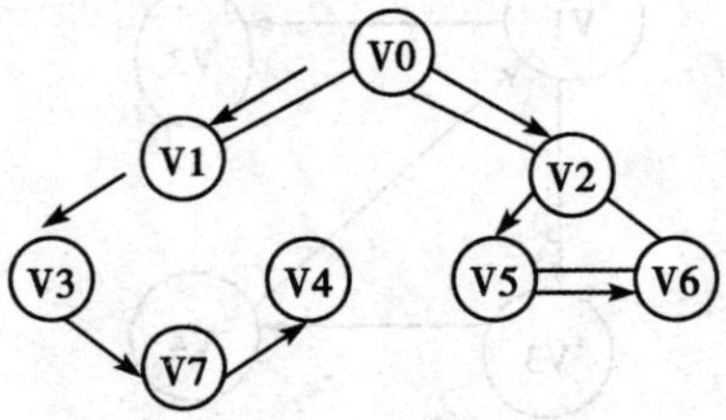

图 4.14

序列 1：

V0，V1，V3，V7，V4，V2，V5，V6

序列 2：

V0，V1，V4，V7，V3，V2，V5，V6

由于没有规定，访问邻接点的顺序，DFS 序列不是唯一的。

```
void DFSTraverse(Graph G)
{
    for(v = 0;v < G. vexnum;++ v)
        visited[v] = false;
    for(v = 0;v < G. vexnum;++ v)
    if(visited[v] = = false)DFS(G,v);
}//DFSTraverse
```

4.2.2 子任务2：图的广度优先搜索

广度优先搜索（Breadth-First Search，BFS）遍历类似树的按层遍历，其过程为：首先访问初始点 vi，并将其标记为已访问过，接着访问 vi 的所有未被访问过的邻接点 vi1，vi2，…，vit 并均标记为已访问过，然后再按照 vi1，vi2，…，vit 的次序，访问每一个顶点的所有未被访问过的邻接点，并均标记为已访问过，依此类推，直到图中所有和初始点 vi 有路径相通的顶点都被访问过为止。

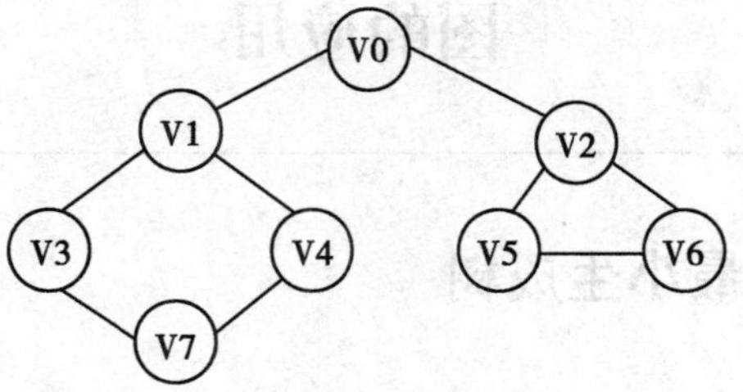

图4.15

图4.15以V0起点的广度优先序列：

V0，V1，V2，V3，V4，V5，V6，V7

由于没有规定，访问邻接点的顺序，BFS序列不是唯一的。

```
#include < stdlib. h >
#include" Queue. h"      /* 循环队列相关操作的定义文件 */
#define MAX 20     /* 图顶点最多不超过 20 */
typedef int vextype;      /* 图顶点为 int 型 */
typedef struct arcnode
{
    int adjvex;
    struct arcnode * next;
} ArcNode;     /* 表结点类型 */
typedef struct vexnode
{
    vextype vertex;
    ArcNode * firstarc;
} VexNode;      /* 顶点结点类型 */
typedef struct
{
    VexNode adjlist[MAX];      /* 顶点结点所在数组 */
    int vn,en;
} ALGraph;     /* 邻接表存储的图类型 */
int visited[MAX];      /* 访问标记数组 */
```

小结：

若图是连通的或强连通的，则从图中某一个顶点出发可以访问到图中所有顶点。

若图是非连通的或非强连通图，则需从图中多个顶点出发搜索访问，而每一次从一个新的起始点出发进行搜索，过程中得到的顶点访问序列恰为每个连通分量中的顶点集。

4.3 任务3：图的应用

4.3.1 子任务1：最小生成树

（1）DFS 生成树和 BFS 生成树，生成树的概念是针对无向图的。一个连通无向图的生成树，是指含有该图全部顶点的一个极小连通子图，n 个顶点的生成树必定含有 n－1 条边。图的生成树的具体求法：在对图进行遍历的同时，加上其经过的边。由于图的遍历只有两种：DFS 遍历和 BFS 遍历，因此由深度优先搜索得到的生成树称为深度优先生成树，简称 DFS 生成树；由广度优先搜索得到的生成树称为广度优先生成树，简称 BFS 生成树。如图 4.16、图 4.17、图 4.18、图 4.19 所示。

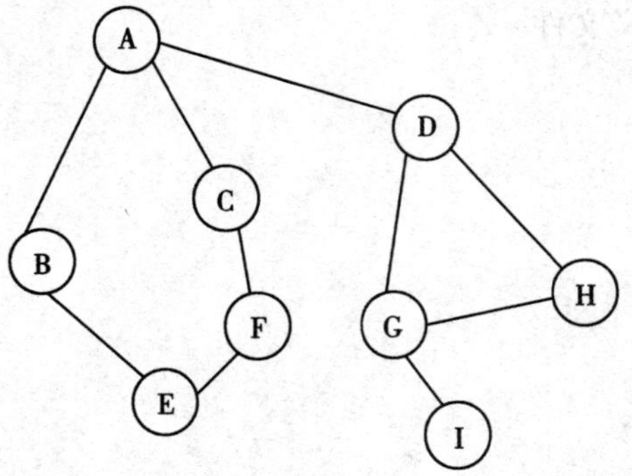

图 4.16　无向图 G_6

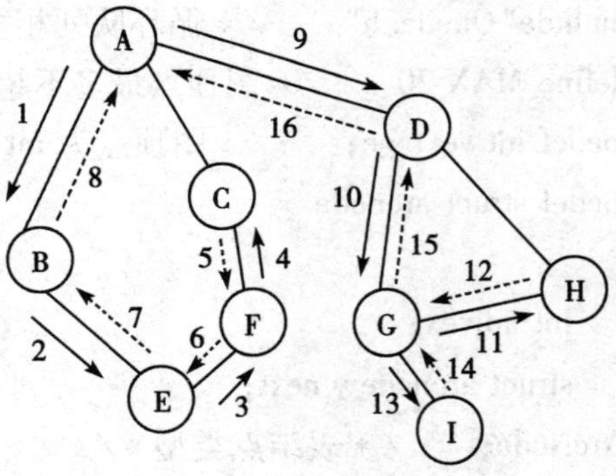

图 4.17　图 G_6 的深度优先遍历过程

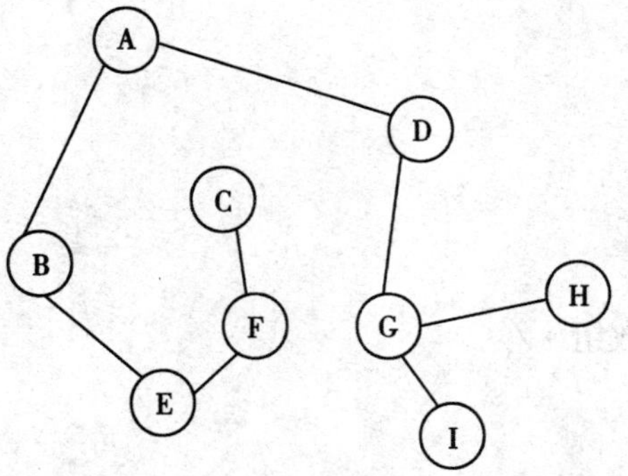

图 4.18　图 G_6 的深度优先生成树

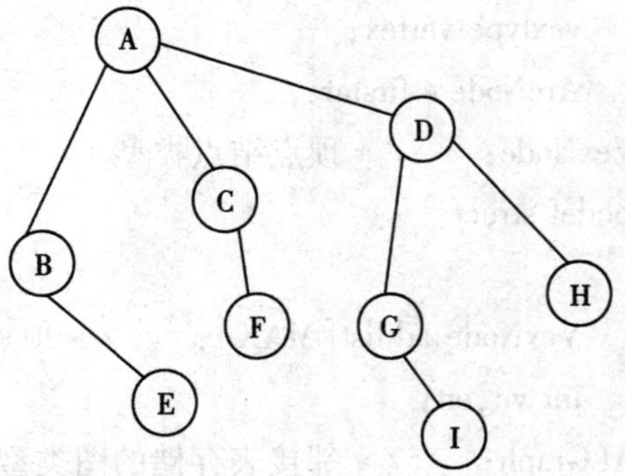

图 4.19　图 G_6 的广度优先生成树

（2）最小生成树，对于一个连通带权图，即连通网，所求得的生成树的每一条边也必定带有权，一棵树的各边的权值之和称为树的权。连通网的所有生成树中权最小的生成树称为该图的最小生成树。

例：要在 n 个城市间建立通讯网，如何在保证 n 个城市连通的前提下最节省经费？如图 4.20 所示。

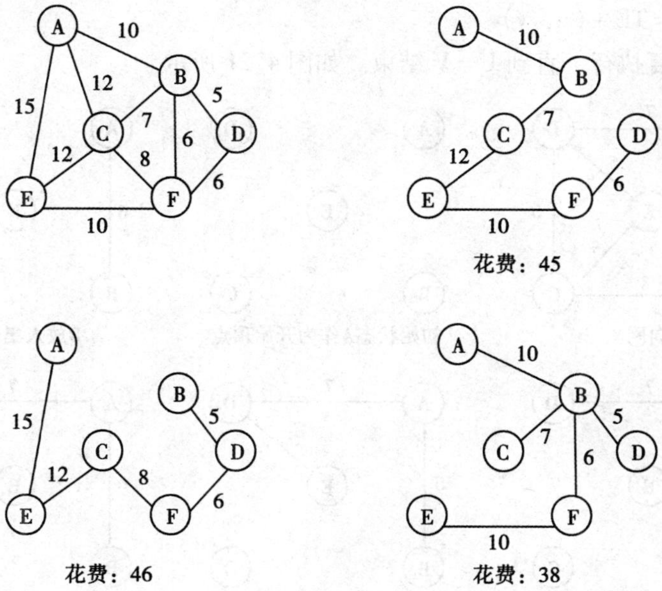

图 4.20

求最小生成树的方法有两种：Kruskal（克鲁斯卡尔）算法和 Prim（普里姆）算法。

（1）Kruskal（克鲁斯卡尔）算法

把图的所有边按其权值从小到大排成升序，先把权值最小的边加入生成树依次选取后面的边，如该边加到生成树中，使生成树构成回路，则舍弃该边，否则该边加入到生成树中。重复上述过程，直到生成树中包含 n－1 条边为止，此时即为最小生成树。如表 4.1。

表 4.1

closeedge[i] \ i	0	1	2	3	4	U	V-U	k	(u_0，v_0)
adjvex lowcost	0	A 6	A ∞	A 7	A 12	{A}	{B，C，D，E}	1	{A，B}
adjvex lowcost	0	0	B 8	A 7	B 9	{A，B}	{C，D，E}	3	{A，D}
adjvex lowcost	0	0	B 8	0	D 5	{A，B，D}	{C，E}	4	{D，E}
adjvex lowcost	0	0	E 4	0	0	{A，B，D，E}	{C}	2	{E，C}
adjvex lowcost	0	0	0	0	0	{A，B，D，E，C}	{}		

(2) Prim（普里姆）算法

设原连通网 G=(V, E)，生成的最小生成树 T=(U, TE)，则算法步骤如下。

① 任选一个顶点 u_0 放入 U 中，即初始 U={u_0}，TE={}。

② 找连接 U 与 V-U 集合的一条权值最小的边，即找顶点 u∈U，顶点 v∈V-U 的权值最小的一条边（u, v）∈E；并把顶点 v 加入到 U 中，边（u, v）加入到 TE 中，即修改 U=U+{v}，TE=TE+(u, v)。

③ 转到②重复执行，直到 U=V 结束。如图 4.21 所示。

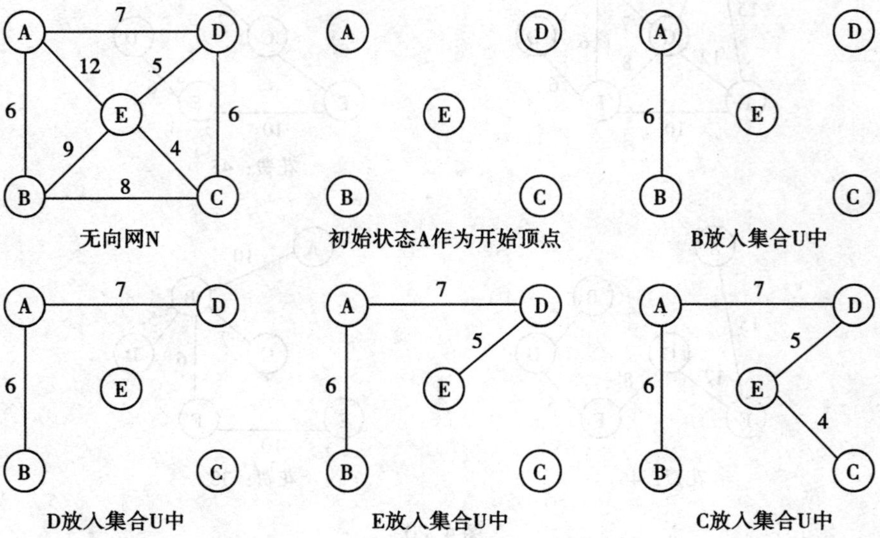

图 4.21

Prim（普里姆）算法实现：

定义一个结构数组：

```
struct cost{
    int adj;
    int dist;
}d[20];
```

无向网的建立：

```
#include <stdio.h>
#define INF 32767
    typedef struct{
    int u,v,w;
}Tree;      /*最小生成树顺序存储元素类型*/
void CreateGraph(MGraph *g)
{
    int i,j,w,e;
    FILE *fp;     /*文件指针 fp*/
    fp=fopen("graph.dat","r");      /*打开数据文件*/
```

```
    /*图的顶点数和边数、顶点数据和边的信息从文件获取*/
    fscanf(fp,"%d%d",&g->vn,&g->en);
    for(i=0;i<g->vn;i++)        /*邻接矩阵初始化*/
        for(j=0;j<g->vn;j++)        /*对角线为0,其余为∞ */
            if(i==j)g->arc[i][j]=0;
            else g->arc[i][j]=INF;
        for(i=0;i<g->vn;i++)
            g->vex[i]='A'+i;        /*顶点数据为A、B、C…… */
        for(e=0;e<g->en;e++)
        {/*从文件读取对应边信息,即有边的顶点序号及权值*/
            fscanf(fp,"%d%d%d",&i,&j,&w);
            g->arc[i][j]=w;
            g->arc[j][i]=w;
        }
    fclose(fp);     /*关闭文件*/
}   /*结束函数*/
```

无向网邻接矩阵的输出：

```
void OutGraph(MGraph *g)
{
    int i,j;
    printf("\n--------Graph--------\n");
    printf("\n vn=%d \t en=%d",g->vn,g->en);
    for(i=0;i<g->vn;i++)
    {
        for(j=0;j<g->vn;j++)
            printf("%d\t",g->arc[i][j]);
        printf("\n");
    }
}
```

Prim 算法实现：

```
void Prim(MGraph *g,int v0,Tree E[])
{
    int i,j,k,min;
    struct cost
    {
        int adj;
        int dist;
    }d[20];
    for(i=0;i<g->vn;i++)        /*数组d初始化*/
```

```
    {
        d[i].adj = v0;
        d[i].dist = g->arc[v0][i];}
    }
    for(k=0;k<g->vn-1;k++)        /*求vn-1条生成树的边*/
    {
    min = INF;
    j = -1;
    for(i=0;i<g->vn;i++)        /*找权值最小的边*/
        if(d[i].dist!=0 && d[i].dist<min)
        {
            j = i;
            min = d[i].dist;
        }
        E[k].u = d[j].adj;
        E[k].v = j;
        E[k].w = min;       /*送入生成树*/
        d[j].adj = j;
        d[j].dist = 0;      /*修改新送入生成树的顶点的信息*/
        for(i=0;i<g->vn;i++)        /*修改数组d中数值*/
        {      /*若新加入到生成树的j顶点与i顶点边的权值更小,则修改*/
            if(d[i].dist!=0 && g->arc[j][i]<d[i].dist)
            {
                d[i].adj = j;
                d[i].dist = g->arc[j][i];
            }
        }
    }     /*结束求生成树的for*/
}     /*结束函数*/
```

最小生成树的输出:

```
void OutTree(Tree E[],int k)
{
    int i;
    printf("\n spaning tree\n");
    for(i=0;i<k;i++)        /*生成树E数组中有k条边*/
        printf("\n%c-----%c-----%d",E[i].u,E[i].v,E[i].w);
}
```

主函数:

```
main()
```

```
{
    MGraph G;
    Tree E[20];
    CreateGraph(&G);
    OutGraph(&G);
    Prim(&G,0,E);
    OutTree(E,G.vn-1);
}
```

4.3.2　子任务2：最短路径

带权图的最短路径问题：

1. 基本术语

交通网络中常常提出这样的问题：从甲地到乙地之间是否有公路连通？在有多条通路的情况下，哪一条路最短？交通网络可用带权图来表示。顶点表示城市名称，边表示两个城市有路连通，边上的权值可表示两城市之间的距离、交通费或途中所花费的时间等。求两个顶点之间的最短路径，不是指路径上边数之和最少，而是指路径上各边的权值之和最小。

(1) 两顶点之间路径的长度：定义为路径上各边权值之和。

(2) 两点间最短路径：指的是带权图中，两顶点之间所有路径中长度最小的路径。

(3) 源点和终点。若两个顶点之间没有边，则认为两个顶点无通路，但有可能有间接通路（从其他顶点达到）。路径上的开始顶点（出发点）称为源点，路径上的最后一个顶点称为终点，并假定讨论的权值不能为负数。

2. 单源最短路径问题

单源最短路径问题：已知有向带权图（简称有向网）G=(V, E)，找出从某个源点 s∈V 到 V 中其余各顶点的最短路径。

例如：图 4.22 所示有向网及源点 v1 的单源最短路径。

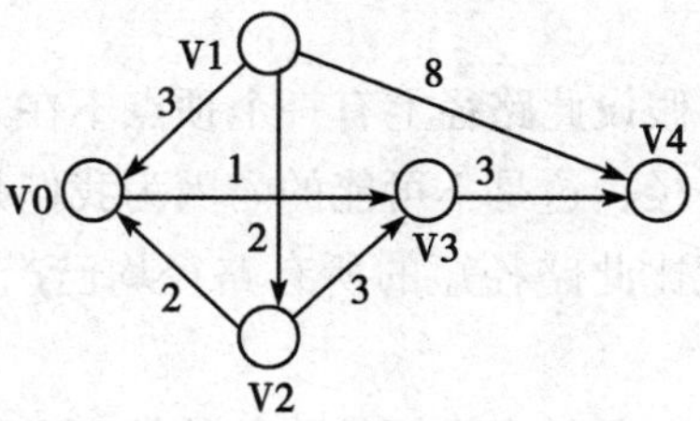

图 4.22

表 4.2

源点	中间点	终点	路径长度
v1		v2	2
v1		v0	3
v1	v0	v3	4
v1	v0 v3	v4	7

对给定的有向网 G=(V, E)和源点 v，如何求单源最短路径？ - Dijkstra 算法，见表 4.2。

（1）Dijkstra 算法基本思想：从给定的源点开始，按路径长度递增的顺序，逐步产生源点到其余各顶点的最短路径。

（2）算法思想的具体实现。

首先，引进一个辅助向量 D，它的每个分量 D [i] 表示当前所找到的从源点 v 到终点 vi 的最短路径长度。它的初始状态为：

若从 v 到 vi 有弧，则 D [i] 为弧上的权值，否则 D[i]为∞。显然，长度为 $D[j]=\min\{D[i] \mid vi \in V\}$ 的路径就是从 v 出发的长度最短的一条路径。此路径为<v,vj>。

例如：源点 v1，D 的初始状态为：

3	∞	2	∞	8

D 中的最小值为 D[2]，表示 v1 到 v2 的最短路径为<v1, v2>。

找从 v1 出发的到其他各个顶点的最短路径时，从 v1 发射出去的边有 v1 到 v0、v2、v4，到其他顶点的路径必定要经过这 3 个顶点。

那么，下一条长度次短的路径是哪一条呢？假设次短路径的终点是 vk，则这条路径或者是<v, vk>，或者是<v, vj, vk>。它的长度为从 v 到 vk 的弧上的权值，或者是弧<v, vj>的权值（即 D[j]）和<vj, vk>弧上的权值之和。

一般情况下，假设 S 为已经求得的最短路径的终点的集合，则可证明：下一条最短路径（设终点为 x）或者是<v, x>，或者是中间只经过 S 中的顶点而最后到达顶点 x 的路径。

可以利用反证法来证明。假设此路径上有一个顶点不在 S 中，则说明存在一条终点不在 S 中而长度比此路径短的路径，这是不可能的。因为我们是按照路径长度递增的次序来产生各最短路径的，所以长度比此路径短的所有路径均已产生，它们的终点必定在 S 中，假设不成立。

所以，在一般情况下，下一条长度次短的路径的长度必是：

$$D[j]=\min\{D[i] \mid vi \in V-S\}$$

其中，D[i]或者是弧<v, vi>上的权值，或者是 D[k]（vk∈S）和弧<vk, vi>上的权值之和。

例如：刚才我们找到第 1 条最短路径为<v1, v2>，长度为 2，次短的路径是谁呢？

D[j]=min{D[i] | vi∈V-S==(v0, v1, v3, v4), D[i]为(v1, v0)=3, (v1, v4)=8, (v1, v1)=∞, (v1, v3)=∞, (v1, v2, v0)=4, (v1, v2, v3)=5, (v1, v2, v4)没有这条路径}，所以最短路径应该为(v1，v0)，长度为 3，将新的顶点 v0 加入到终点集合 S 中，S 中为(v2，v0)。

依此类推，就可以求得 v1 到每个顶点的最短路径。

根据以上分析，算法描述如下。

(1) 用带权的邻接矩阵 arcs 来表示带权有向图，arcs[i][j]表示弧 <vi，vj>上的权值。如果<vi，vj>不存在，则 $arcs[i][j]=\infty$。S 为已经找到从 v 出发的最短路径的终点的集合，它的初始值为空集。那么，从 v 出发到图上其余各顶点 vi 的最短路径长度的初值为：$D[i]=arcs[v][i]$。

(2) 选择 vj，使得 $D[j]=\min\{D[i] \mid vi\in V-S\}$，vj 就是当前求得的一条从 v 出发的最短路径的终点，令 $S=S\cup\{j\}$。

(3) 修改从 v 出发到集合 V－S 上任一顶点 vk 可达的最短路径长度。如果 $D[j]+arcs[j][k]<D[k]$则修改 D[k]为 $D[k]=D[j]+arcs[j][k]$。

(4) 重复 (2)、(3) 步共 n－1 次。可以求得从 v 到图上其余各顶点的最短路径。如图 4.23 所示带权有向图，最短路径求解过程见表 4.3，表 4.4。

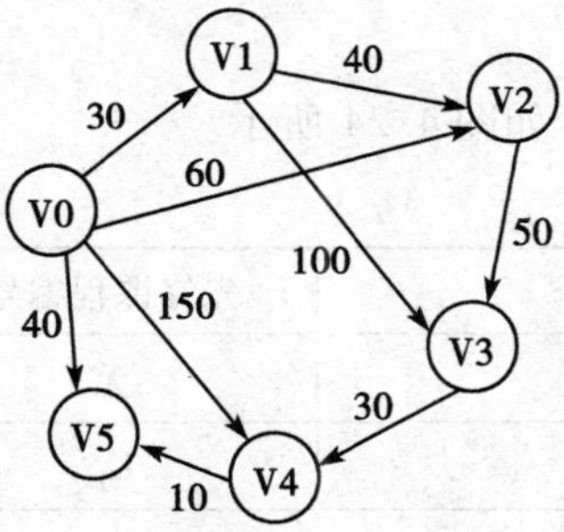

图 4.23

表 4.3

始点	终点	最短路径	路径长度
V_0	V_1	(V_0, V_1)	30
V_0	V_2	(V_0, V_2)	60
V_0	V_3	(V_0, V_2, V_3)	110
V_0	V_4	(V_0, V_2, V_3, V_4)	140
V_0	V_5	(V_0, V_5)	40

$$G_7=\begin{bmatrix}\infty & 30 & 60 & \infty & 150 & 40\\ \infty & \infty & 40 & 100 & \infty & \infty\\ \infty & \infty & \infty & 50 & \infty & \infty\\ \infty & \infty & \infty & \infty & 30 & \infty\\ \infty & \infty & \infty & \infty & \infty & 10\\ \infty & \infty & \infty & \infty & \infty & \infty\end{bmatrix}$$

表 4.4

终点	路径长度和路径数组	从顶点 v_0 到其他各顶点的最短路径的求解过程				
		i = 1	i = 2	i = 3	i = 4	i = 5
v_1	dist path	30 (v_0, v_1)				
v_2	dist path	60 (v_0, v_2)	60 (v_0, v_2)	60 (v_0, v_2)		
v_3	dist path	∞	130 (v_0, v_1, v_3)	130 (v_0, v_1, v_3)	110 (v_0, v_2, v_3)	

续表 4.4

终点	路径长度和路径数组	从顶点 v_0 到其他各顶点的最短路径的求解过程				
		i = 1	i = 2	i = 3	i = 4	i = 5
v_4	dist path	150 (v_0, v_4)	150 (v_0, v_4)	150 (v_0, v_4)	150 (v_0, v_4)	140 (v_0, v_2, v_3, v_4)
v_5	dist path	40 (v_0, v_5)	40 (v_0, v_5)			
最短路径终点		v_1	v_5	v_2	v_3	v_4
集合 S		{v_0, v_1}	{v_0, v_1, v_5}	{v_0, v_1, v_5, v_2, v_3}	{v_0, v_1, v_5, v_2, v_3, v_4}	

4.3.3 子任务3：拓扑排序

拓扑排序——有向无环图及其应用。

在一个有向图中，若用顶点表示活动，有向边表示活动间先后关系，称该有向图叫做顶点活动网络，简称 AOV 网。

用 AOV 网表示表 4.5 中各门课程之间先后关系的实例，如图 4.24 所示。

表 4.5

课程编号	课程名称	先修课程编号
C_1	程序设计语言	无
C_2	汇编语言	C_1
C_3	离散数学	C_1
C_4	数据结构	C_1，C_3
C_5	编译原理	C_2，C_4
C_6	高等数学	无
C_7	大学物理	C_6
C_8	数字电路	C_7
C_9	计算机组成结构	C_8
$C_1$0	操作系统	C_9

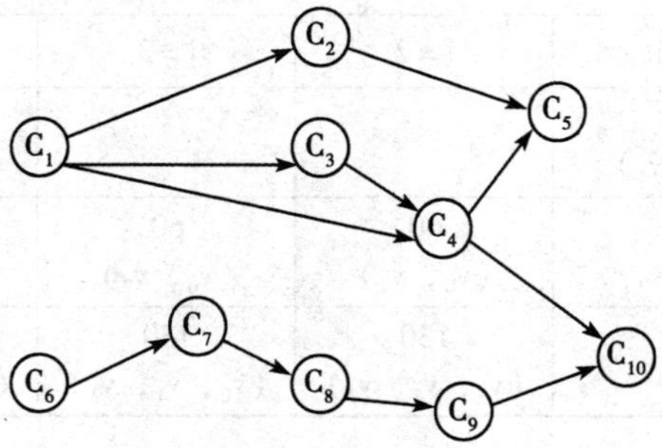

图 4.24

4.4 任务4：

项目报告

4.4.1 子任务1：该项目的数据流分析

从一个无环有向图（无环 AOV 网）中排出一个顶点的序列，要求满足：任何一个顶点的前驱在序列中都在其后继的前面出现，则该序列为拓扑排序。

图 4.25 所示有向图的拓扑序列为：

（1）C1、C2、C4、C3、C5、C6

（2）C2、C3、C1、C4、C5、C6

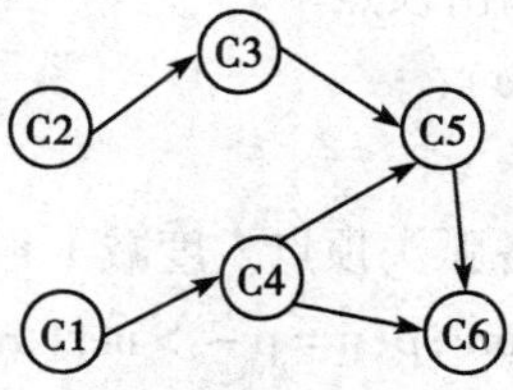

图 4.25

实现步骤如下（对象：无环有向图）：

（1）选一个入度为 0 的顶点（没有前驱）且输出之；

（2）从图中删除此顶点及该顶点发出来（以它为始点）的弧；

（3）重复（1）、（2）两步，直到图中不存在入度为 0 的顶点或所有顶点都被输出（此时若图中仍有顶点，则是有环图）。

拓扑排序过程如图 4.26 所示。

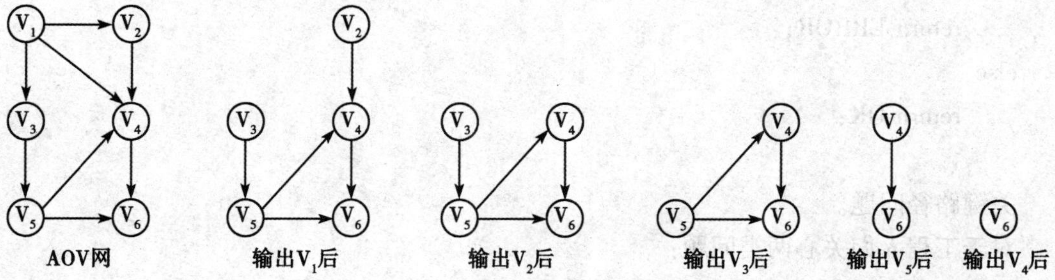

图 4.26　拓扑排序的过程

拓扑排序算法的实现：

```
#include < stdio. h >
#define ERROR 1
#define OK 0
```

```
Indegree[g. vexnum];
\*拓扑排序的函数,若输出全部顶点则返回 OK,反之返回 ERROR*\
int Topo logicalSort(AL Graph g)
{
    FindInDegree(g,indegree);     \\对各顶点求入度
    InitStack(s);     \\初始化空栈
    \*扫描各顶点,入度为 0 的顶点进栈*\
    for(i=0;i<g. vexnum;i++)
        if(!indegree[i])
            push(s,i);
    \*对输出的顶点进行计数*\
    count=0;
    while(!StackEmp ty(s))
    {
        Pop(s,i);\*顶点出栈,输出顶点*\
        printf(i,g. vert ices[i]. data);
        count++;
        \*将输出的顶点对应的各弧头顶点入度减 1*\
        for(p=g. vert ices[i]. firstarc;p;p=p->nextarc)
        {
            k=p->adjvex;
            if(!(——indegree[k]))
            push(s,k);\\若入度为 0 在进栈
        }
    }
    \*未输出全部顶点,说明存在环*\
    if(count<g. vexnum)
        return ERROR;
    else
        return OK;
}
```

关键路径问题。

对于工程人们关心两类问题：

(1) 工程能否顺序进行，即工程流程是否“合理”（AOV 网）。

(2) 完成整项工程至少需要多少时间，影响工程进度的是哪些关键子工程？

AOV 网和 AOE 网都能表示工程各子工程的流程，一个用顶点表示活动，一个用边表示活动，但 AOV 网侧重于表示活动的前后顺序，AOE 网除了表示活动的先后顺序外，还表示了活动的持续时间，因此可利用 AOE 网解决工程所需最短时间及哪些子工程拖延会影响整个工程按时完成等问题。实际应用中采用哪一种图，取决于要求解的问题。

（1）开始事件 V_1（入度为 0），结束事件 V_6（出度为 0）。

（2）e[k]：活动 a_k 的最早开始时间。

（3）l[k]：活动 a_k 的最晚开始时间，指在不推迟整个工期的前提下，活动 a_k 的最晚开始时间。

（4）ve[j]：事件 v_j 的最早发生时间。

（5）vl[j]：事件 v_j 的最晚发生时间，指在不推迟整个工期的前提下，事件 v_j 的最晚发生时间。

（6）活动 a_k 的可延迟时间 l[k] − e[k]。

求图 4.27 的关键路径，见表 4.6。其关键路径如图 4.28 所示。

表 4.6

顶点	ve	vl	活动	e	l	l − e
V_1	0	0	a_1	0	0	0
V_2	5	5	a_2	0	2	2
V_3	4	6	a_3	0	2	2
V_4	6	8	a_4	5	5	0
V_5	7	7	a_5	4	6	2
V_6	12	12	a_6	6	8	2
V_7	10	11	a_7	7	7	0
V_8	16	16	a_8	7	8	1
			a_9	12	12	0
			$a_1$0	10	11	1

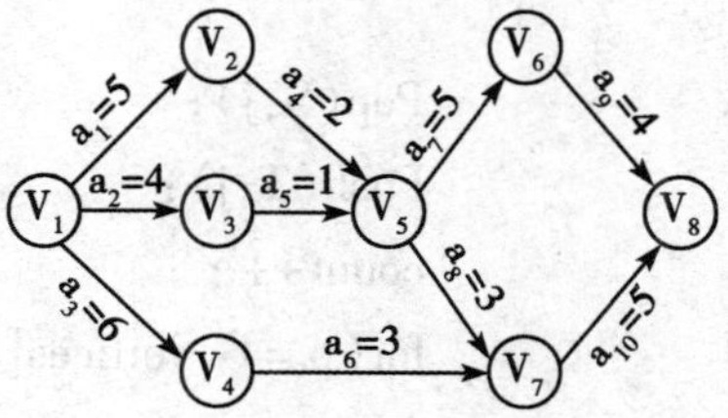

图 4.27

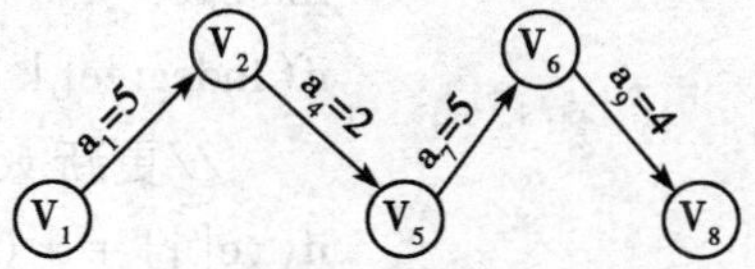

图 4.28

关键路径算法实现：

```
void ToplogicalOrder(ALGraph G,Stack &T)
{
    //有向网 G 采用邻接表存储结构
    //求各顶点时间的最早发生时间 ve(全局变量)
    //若 G 无回路,则用 T 返回 G 的一个拓扑序列,且函数返回 OK,否则返回 ERROR
    int Indegree[G.vexnum] = {0};     //保存各个顶点的入度
    for(i =0;i < G.vexnum;i++ )     //扫描邻接表,计算各顶点的入度
        for(p = G.vertices[i].firstarc;p;p = p - > nextarc)
            Indegree[p - > adjvex]++ ;
    count =0;
    ve[0..G.vexnum -1] =0;     //初始化
    InitStack(S);     //暂存入度为 0 的顶点
    for(i =0;i < G.vexn um;i++ )     //入度为 0 的顶点保存在栈中
        if(Indegree[i] = =0)Push(S,i);
```

```
void ToplogicalOrder(ALGraph G,Stack &T)
{
    //有向网 G 采用邻接表存储结构
    //求各顶点时间的最早发生时间 ve(全局变量)
    //若 G 无回路,则用 T 返回 G 的一个拓扑序列,且函数返回 OK,否则返回 ERROR
    int Indegree[G.vexnum] = {0};    //保存各个顶点的入度
    //计算各顶点的入度;
    InitStack(S);      //暂存入度为 0 的顶点,入度为 0 的顶点保存在栈 S 中;
    count = 0;
    ve[0..G.vexnum - 1] = 0;       //初始化
    while(!EmptyStack(S))
    {
        Pop(S,j);
        Push(T,j);
        count++;
        for(p = G.vertices[j].firstarc;p;p = p - >nextarc)
        {
            k = p - >adjvex;       //k 为 j 的邻接顶点
            Indegree[k]--;       //删除以顶点 j 为尾的弧
            if(Indegree[k] = =0)Push(S,k);     //入度为 0 的顶点入栈
                //更新 ve[k]
            if(ve[j] + *(p - >info) >ve[k])ve[k] =ve[j] + *(p - >info);
        }//for 结束
    }//while 结束
    if(count <G.vexnum)
        return ERROR;
    return OK;
}//TopologicalOrder 结束
int Criticalpath(ALGraph G){//G 为有向网,输出 G 的各项关键活动
InitStack(T);    //建立用于产生拓扑逆序的栈 T
if(!TopologicalOrder(G,T))
    return 0;    //该有向网有回路返回 0
vl[0..G.vexnum - 1] = ve[G.vexnum - 1];      //初始化顶点事件的最迟发生时间
while(!StackEmpty(T))
{     //按拓扑逆序求各顶点的 vl 值
    for(Pop(T,j),p = G.adjlist[j].firstedge;p;p = p - >nextarc)
    {
        k = p - >adjvex;
        dut = *(p - >info);
```

```
        if(vl[k] - dut < vl[j])
            vl[j] = vl[k] - dut;
    }
    //事件 vi 的最晚发生时间 vl[i]
    vl[n] = ve[n]
    vl[i] = Min{vl(j) - dut( < Vi,Vj > )}
    for(j = 0;j < G. vexnum;++ j)        //求 e、l 和关键活动
        for(p = G. vertices[j]. firstarc;p;p = p - > nextarc)
        {
            k = p - > adjvex;
            dut = *(p - > info);
            e = ve[j];l = vl[k] - dut;    //活动 ajk 的最早和最晚发生时间
            tag = (e = = l)'*':'';
            printf(j,k,dut,e,l,tag);    //输出关键活动
        }
return 1;    //求出关键活动后返回 1
}//Criticalpath 结束
```

4.5 任务5：

提交项目报告

（1）子任务1：该项目的数据流分析。

（2）子任务2：该项目的数据存储表示。

（3）子任务3：算法设计。

（4）子任务4：实现该项目的功能及测试。

实训任务4

4-1 设有无向图 G = (V, E) 和 G′ = (V′, E′)，如 G′为 G 的生成树，则下面不正确的说法是（ ）。

A. G′为 G 的子图　　B. G′为 G 的连通分量

C. G′为 G 的极小连通子图且 V′ = V　　D. G′是 G 的无环子图

4-2 任何一个带权的无向连通图的最小生成树（ ）。

A. 只有一棵　　B. 有一棵或多棵

C. 一定有多棵　　D. 可能不存在

4-3 以下说法正确的是（　　）。

A. 连通分量是无向图中的极小连通子图

B. 强连通分量是有向图中的极大强连通子图

C. 在一个有向图的拓扑序列中，若顶点 a 在顶点 b 之前，则图中必有一条弧 <a, b>

D. 对有向图 G，如果从任意顶点出发进行一次深度优先或广度优先搜索能访问到每个顶点，则该图一定是完全图

4-4 图中有关路径的定义是（　　）。

A. 由顶点和相邻顶点序偶构成的边所形成的序列

B. 由不同顶点所形成的序列

C. 由不同边所形成的序列

D. 上述定义都不是

4-5 设无向图的顶点个数为 n，则该图最多有（　　）条边。

A. $n-1$　　B. $n(n-1)/2$　　C. $n(n+1)/2$　　D. 0　　E. n^2

4-6 要连通具有 n 个顶点的有向图，至少需要（　　）条边。

A. $n-1$　　B. n　　C. $n+1$　　D. 2n

4-7 在一个无向图中，所有顶点的度数之和等于所有边数的（　　）倍，在一个有向图中，所有顶点的入度之和等于所有顶点出度之和的（　　）倍。

A. 1/2　　B. 1　　C. 2　　D. 4

4-8 下列哪一种图的邻接矩阵是对称矩阵？（　　）

A. 有向图　　B. 无向图　　C. AOV 网　　D. AOE 网

4-9 下列说法不正确的是（　　）。

A. 图的遍历是从给定的源点出发且每一个顶点仅被访问一次

B. 遍历的基本算法有两种：深度遍历和广度遍历

C. 图的深度遍历不适用于有向图

D. 图的深度遍历是一个递归过程

4-10 下面哪一方法可以判断出一个有向图是否有环（回路）：（　　）。

A. 深度优先遍历　　B. 拓扑排序

C. 求最短路径　　D. 求关键路径

4-11 在图采用邻接表存储时，求最小生成树的 Prim 算法的时间复杂度为（　　）。

A. $o(n)$　　B. $o(n+e)$　　C. $o(n^2)$　　D. $o(n^3)$

4-12 已知有向图 G = (V, E)，其中 V = {V1, V2, V3, V4, V5, V6, V7}，E = {<V1, V2>, <V1, V3>, <V1, V4>, <V2, V5>, <V3, V5>, <V3, V6>, <V4, V6>, <V5, V7>, <V6, V7>}，G 的拓扑序列是（　　）。

A. V1, V3, V4, V6, V2, V5, V7　　B. V1, V3, V2, V6, V4, V5, V7

C. V1, V3, V4, V5, V2, V6, V7　　D. V1, V2, V5, V3, V4, V6, V7

4-13 在有向图 G 的拓扑序列中，若顶点 Vi 在顶点 Vj 之前，则下列情形不可能出现的是（　　）。

A. G 中有弧 <Vi, Vj>　　B. G 中有一条从 Vi 到 Vj 的路径

C. G 中没有弧 <Vi, Vj>　　D. G 中有一条从 Vj 到 Vi 的路径

4-14 关键路径是事件结点网络中（　　）。

A. 从源点到终点的最长路径　　　B. 从源点到终点的最短路径

C. 最长回路　　　D. 最短回路

4-15 下列关于 AOE 网的叙述中，不正确的是（　　）。

A. 关键活动不按期完成就会影响整个工程的完成时间

B. 任何一个关键活动提前完成，那么整个工程将会提前完成

C. 所有的关键活动提前完成，那么整个工程将会提前完成

D. 某些关键活动提前完成，那么整个工程将会提前完成

4-16 具有 10 个顶点的无向图，边的总数最多为________。

4-17 设无向图 G 有 n 个顶点和 e 条边，每个顶点 Vi 的度为 di($1 \leqslant i \leqslant n$)，则 e = ________。

4-18 在有 n 个顶点的有向图中，若要使任意两点间可以互相到达，则至少需要________条弧。

4-19 下图中的强连通分量的个数为________个。

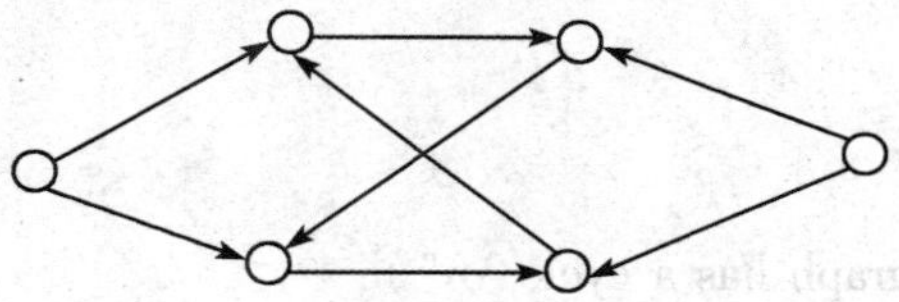

图 4.29

4-20 N 个顶点的连通图用邻接矩阵表示时，该矩阵至少有________个非零元素。

4-21 在有向图的邻接矩阵表示中，计算第 I 个顶点入度的方法是______________。

4-22 对于一个具有 n 个顶点和 e 条边的无向图的邻接表的表示，则表头向量大小为________，邻接表的边结点个数为________。

4-23 已知一无向图 G = (V, E)，其中 V = {a, b, c, d, e} E = {(a, b), (a, d), (a, c), (d, c), (b, e)} 现用某一种图遍历方法从顶点 a 开始遍历图，得到的序列为 abecd，则采用的是________遍历方法。

4-24 构造连通网最小生成树的两个典型算法是______________。

4-25 有向图 G 可拓扑排序的判别条件是______________。

4-26 Dijkstra 最短路径算法从源点到其余各顶点的最短路径的路径长度按________次序依次产生，该算法弧上的权出现______________情况时，不能正确产生最短路径。

4-27 有向图 G = (V, E)，其中 V(G) = {0, 1, 2, 3, 4, 5}，用 <a, b, d> 三元组表示弧 <a, b> 及弧上的权 d. E(G) 为 {<0, 5, 100>, <0, 2, 10>, <1, 2, 5>, <0, 4, 30>, <4, 5, 60>, <3, 5, 10>, <2, 3, 50>, <4, 3, 20>}，则从源点 0 到顶点 3 的最短路径长度是________，经过的中间顶点是______________。

4-28 AOV 网中，结点表示________，边表示________。AOE 网中，结点表示________，边表示________。

4-29 在 AOE 网中，从源点到终点路径上各活动时间总和最长的路径称为________。

4-30 在 AOV 网中，存在环意味着______________，这是______________的；

对程序的数据流图来说，它表明存在____________________。

4-31　如下为拓扑排序的 C 程序。

（1）列出执行该程序后的输出结果。

____

（2）在程序空白处填上适当语句。

```
void topsort(hdnodes graph[],int n)
{
    int i,j,k,top;node_pointer ptr;
    top = -1;
    for(i=0;i<n;i++)
        if(!graph[i].count)
        {
            graph[i].count=top;top=i;
        }
    for(i=0;i<n;i++)
    if(1)________
    {
        fprintf(stderr,"\ngraph has a cycle \n");
        exit(1);
    }
    else
    {
        j=top;
        (2)________;
        printf("v%d,",j);
        for(ptr=graph[j].link;ptr;ptr=ptr->link)
        {
            k=ptr->vertex;
            graph[k].count--;
            if((3))
            {
                graph[k].count=top;
                top=k;
            }
        }
    }
}
```

4-32　已知如图4.30所示的有向图，请给出该图的：

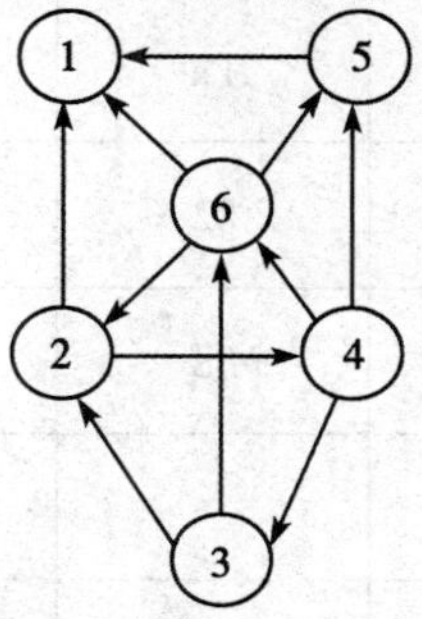

图4.30

（1）每个顶点的入度、出度；
（2）邻接矩阵；
（3）邻接表；
（4）逆邻接表；
（5）强连通分量。

4-33　已知图的邻接矩阵为：

	V1	V2	V3	V4	V5	V6	V7	V8	V9	V10
V1	0	1	1	1	0	0	0	0	0	0
V2	0	0	0	1	1	0	0	0	0	0
V3	0	0	0	1	0	1	0	0	0	0
V4	0	0	0	0	0	1	1	0	1	0
V5	0	0	0	0	0	0	1	0	0	0
V6	0	0	0	0	0	0	0	1	1	0
V7	0	0	0	0	0	0	0	0	1	0
V8	0	0	0	0	0	0	0	0	0	1
V9	0	0	0	0	0	0	0	0	0	1
V10	0	0	0	0	0	0	0	0	0	0

当用邻接表作为图的存储结构，且邻接表都按序号从大到小排序时，试写出：

（1）以顶点V1为出发点的唯一的深度优先遍历；
（2）以顶点V1为出发点的唯一的广度优先遍历；
（3）该图唯一的拓扑有序序列。

4-34　已知世界六大城市为：北京(Pe)、纽约(N)、巴黎(Pa)、伦敦(L)、东京(T)、墨西哥(M)，表4.7给定了这六大城市之间的交通里程：

表 4.7　　世界六大城市交通里程表　　百公里

	Pe	N	Pa	L	T	M
Pe		109	82	81	21	124
N	109		58	55	108	32
PA	82	58		3	97	92
L	81	55	3		95	89
T	21	108	97	95		113
M	124	32	92	89	113	

（1）画出这六大城市的交通网络图；

（2）画出该图的邻接表表示法；

（3）画出该图按权值递增的顺序来构造的最小（代价）生成树。

4-35　表 4.8 给出了某工程各工序之间的优先关系和各工序所需时间。

（1）画出相应的 AOE 网；

（2）列出各事件的最早发生时间，最迟发生时间；

（3）找出关键路径并指明完成该工程所需最短时间。

表 4.8

工序代号	A	B	C	D	E	F	G	H	I	J	K	L	M	N
所需时间	15	10	50	8	15	40	300	15	120	60	15	30	20	40
先驱工作	—	—	A, B	B	C, D	B	E	G, I	E	I	F, I	H, J, K	L	G

学习情境5

火车车次排序

“火车车次排序”工作任务单

<table>
<tr><td>项目名称</td><td colspan="3">火车车次排序</td></tr>
<tr><td>学习领域</td><td colspan="3">排序算法的使用</td></tr>
<tr><td>班级</td><td></td><td>小组成员
第（　）组</td><td></td></tr>
<tr><td colspan="4">一、目的
通过完成本工作任务，使学生能够根据用户需求合理选择数据结构，并能制定出合理的算法设计方案。
二、要求
（1）根据需求给出该项目的数据流分析；
（2）根据需求制定数据存储的表示；
（3）完成该项目的算法设计；
（4）实现该项目的具体功能及测试；
（5）提交项目成果。
三、环境要求：
软件：Visual C++6.0
四、工作内容
通过此系统可以实现售票、退票、车票剩余情况查询等功能。每张车票包含车次、座位信息。要求：在售票、退票、查询剩余票等环节中，都必须显示出车票的信息，即车次、座位情况。为简单起见，在此假设所有出售的车票均为同一车次的车票。退票时，必须是车站售出的车票才能退，否则视为无效票，不能退票。
设计概述（设计思路）。
（1）所涉及的信息有：终点站信息（终点站名、车次、乘车日期、乘客定额、余票量、票价、折扣信息等），已订票的客户名单（包括姓名、车次、证件编号、订票量）。
（2）作为示意系统，全部数据可以只放在内存中。
（3）系统能实现的操作和功能如下：
a. 查询：根据旅客提出的终点站名输出下列信息：车次、日期、乘员定额、余票额、票价和折扣信息；
b. 订票：根据客户提出的要求（车次、订票数）查询该车次票额情况，若有余票，则为客户办理订票手续，输出座位号；若已满员或余票额少于订票额，则需重新询问客户要求。
c. 退票：根据客户提供的情况（日期、车次），为客户办理退票手续。</td></tr>
</table>

5.1 任务1：

排序的基本概念

5.1.1 子任务：排序的相关术语

排序：是计算机程序设计中的一项重要操作，其功能是指一个数据元素集合或序列重新排列成一个按数据元素某个数据项值有序的序列。

排序码（关键码）：排序依据的数据项。

稳定排序：排序前与排序后相同关键码元素间的相对位置，保持一致的排序方法。

不稳定排序：排序前与排序后相同关键码元素间的相对位置发生改变的排序方法。

排序分为两类。

（1）内排序：指待排序列完全存放在内存中所进行的排序。内排序大致可分为五类：插入排序、交换排序、选择排序、归并排序和分配排序。本章主要讨论内排序。

（2）外排序：指排序过程中还需访问外存储器的排序。

为了以后讨论方便，我们直接将排序码写成一个一维数组的形式，并且在没有声明的情形下，所有排序都按排序码的值递增排列。

5.2 任务2：

插入排序

5.2.1 子任务1：直接插入排序

直接插入排序的基本思想：每次将一个待排序的元素，按其关键字的大小插入到前面已经排好序的子文件的适当位置，直到全部记录插入完成为止。

直接插入排序的具体过程：把 n 个待排序的元素看成为一个有序表和一个无序表，开始时有序表中只包含一个元素，无序表中包含有 n－1 个元素，排序过程中每次从无序表中取出第一个元素，把它的排序码依次与有序表元素的排序码进行比较，将它插入到有序表中的适当位置，使之成为新的有序表。

例如，n＝6，数组 R 的六个排序码分别为：17，3，25，14，20，9。它的直接插入排序的执行过程如图 5.1 所示。

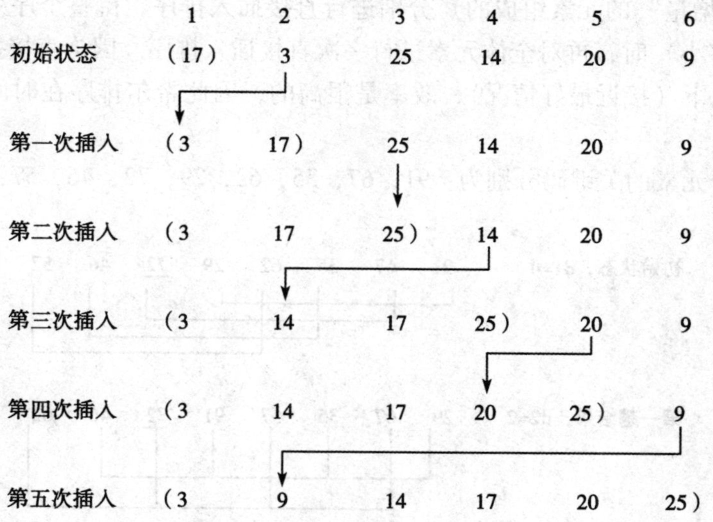

图5. 1

直接插入算法：

算法5. 1

```
void D - InsertSort( datatype R[ ],int n)
/ * 待排序的 n 个元素放在数组 R 中,用直接插入法进行排序 * /
{
    for( i = 2 ;i < = n;i++ )
    / * i 控制第 i - 1 次插入，最多进行 n - 1 次插入 * /
    if( R[ i]. key < R[ i - 1 ]. key)      / * 小于时,需将 R[ i]插入有序表 * /
    {
        R[ 0 ] = R[ i];      / * 为统一算法设置监视哨 * /
        for( j = i - 1;R[ 0 ]. key < R[ j]. key;j-- )
            R[ j + 1 ] = R[ j];      / * 元素后移 * /
        R[ j + 1 ] = R[ 0 ];     / * 将放在 R[ 0 ]中的第 i 个元素插入到有序表中 * /
    }
}
```

直接插入排序的效率分析：

首先从空间来看，它只需要一个元素的辅助空间，用于元素的位置交换。从时间分析，首先外层循环要进行 n - 1 次插入，每次插入最少比较一次（正序），移动0次；最多比较 i 次（包括同监视哨 R[0]的比较），移动 i + 1 次（逆序）(i = 2，3，…，n)。因此，直接插入排序的时间复杂度为 $o(n^2)$。

直接插入算法的元素移动是顺序的，该方法是稳定的。

5.2.2 子任务2：希尔排序

希尔排序（缩小增量排序）的基本思想：先将整个待排元素序列分割成若干个子序列

(由相隔某个“增量”的元素组成的)分别进行直接插入排序，待整个序列中的元素基本有序(增量足够小)时，再对全体元素进行一次直接插入排序。因为直接插入排序在元素基本有序的情况下(接近最好情况)，效率是很高的，因此希尔排序在时间效率上有较大提高。

例如，八个元素的关键码分别为：91，67，35，62，29，72，46，57，希尔排序算法的执行过程为：

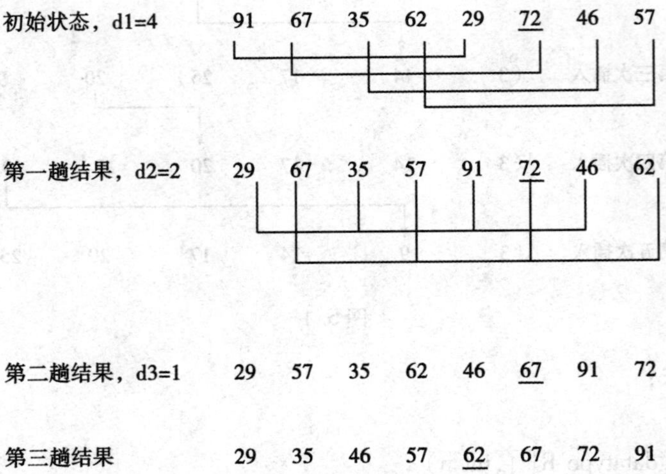

算法 5.2

```
void ShellSort(datatype R[ ],int d[ ],int t)
/*按增量序列 d[0],d[1],d[2],…,d[t-1]对顺序表 R[1],R[2],…,R[n]作希尔排序,
注意 d[0],d[1],d[2],…,d[t-1]除 1 之外不能有公因子,且 d[t-1]必须为 1 */
{
    for(k=0;k<t;k++)
    ShellInsert(R,d[k]);
}
void ShellInsert(datatype R[ ],int dk)
/*对顺序表 R[1],R[2],…,R[n]进行一趟插入排序,dk 为增量、步长*/
{
    for(i=dk+1;i<=n;i++)
    if(R[i].key<R[i-dk].key)
    {
        R[0]=R[i];      /*存放待插入的记录*/
        for(j=i-dk;(j>0)&&(R[0].key<R[j].key);j=j-dk))
            R[j+dk]=R[j];      /*记录后移*/
        R[j+dk]=R[0];      /*插入到正确位置*/
    }
}
```

希尔排序的效率分析：

虽然我们给出的算法是三层循环，最外层循环为 $\log_2 n$ 数量级，中间的 for 循环是 n 数

量级的，内循环远远低于 n 数量级，因为当分组较多时，组内元素较少，此循环次数少；当分组较少时，组内元素增多，但已接近有序，循环次数并不增加。因此，希尔排序的时间复杂性在 $o(n\log_2 n)$ 和 $o(n^2)$ 之间，大致为 o(n1.3)。

由于希尔排序对每个子序列单独比较，在比较时进行元素移动，有可能改变相同排序码元素的原始顺序，因此希尔排序是不稳定的。

5.3 任务3：

交换排序

5.3.1 子任务1：冒泡排序

交换排序主要是通过排序表中两个记录关键码的比较，若与排序要求相逆（不符合升序或降序），则将两者交换。

冒泡排序的基本思想：通过对待排序序列从前向后，依次比较相邻元素的排序码，若发现逆序则交换，使排序码较大的元素逐渐从前部移向后部。

因为排序的过程中，各元素不断接近自己的位置，如果一趟比较下来没有进行过交换，就说明序列有序，因此要在排序过程中设置一个标志 swap 判断元素是否进行过交换。从而减少不必要的比较。

冒泡排序的具体过程：

若序列中有 n 个元素，通常进行 n－1 趟。第 1 趟，针对第 R［1］至 R［n］个元素进行。第 2 趟，针对第 R［1］至 R［n－1］个元素进行。……第 n－1 趟，针对第 R［1］至 R［2］个元素进行。每一趟进行的过程：从第一个元素开始，比较两个相邻的元素。若相邻的元素的相对位置不正确，则进行交换；否则继续比较下面两个相邻的元素。结束条件：在任何一趟进行过程中，未出现交换。

例：将序列 49、38、65、97、76、13、27、49 用冒泡排序的方法进行排序。

49　38　65　97　76　13　27　49‘

第一趟：38　49　65　76　13　27　49‘　97

第二趟：38　49　65　13　27　49‘　76　97

第三趟：38　49　13　27　49‘　65　76　97

第四趟：38　13　27　49　49‘　65　76　97

第五趟：12　27　38　49　49‘　65　76　97

算法 5.3

```
void Bubble - sort(datatype R[ ],int n)
{
    int i,j,swap;      /* 当 swap 为 0 则停止排序 */
```

```
for(i=1;i<n;i++)    /*i表示趟数,最多n-1趟*/
{
    swap=0;       /*开始时元素未交换*/
    for(j=1;j<=n-i;j++)
        if(R[j].key>R[j+1].key)     /*发生逆序*/
        {
            R[0]=R[j];R[j]=R[j+1];R[j+1]=R[0];swap=1;
        }
    /*交换,并标记发生了交换*/
    if(swap==0)
        break;
}
}
```

冒泡排序的效率分析

从冒泡排序的算法可以看出，若待排序的元素为正序，则只需进行一趟排序，比较次数为（n-1）次，移动元素次数为0；若待排序的元素为逆序，则需进行n-1趟排序，比较次数为（n^2-n)/2，移动次数为3(n^2-n)/2，因此冒泡排序算法的时间复杂度为o(n^2)。由于其中的元素移动较多，所以属于内排序中速度较慢的一种。

因为冒泡排序算法只进行元素间的顺序移动，所以是一个稳定的算法。

5.3.2 子任务2：快速排序

快速排序（Quick Sorting）是迄今为止所有内排序算法中速度最快的一种。它的基本思想是：任取待排序序列中的某个元素作为标准（也称为支点、界点，一般取第一个元素)，通过一次划分，将待排元素分为左右两个子序列，左子序列元素的排序码均小于基准元素的排序码，右子序列的排序码则大于或等于基准元素的排序码，然后分别对两个子序列继续进行划分，直至每一个序列只有一个元素为止。最后得到的序列便是有序序列。

假设：[49　38　65　97　76　13　27　49′]

第1趟 [27　38　13] 49 [76　97　65　49′]

第2趟 [[13]　27　[38]] 49 [[49′　65]　76　[97]]

第3趟 [[13]　27　[38]] 49 [[49′ [65]]　76　[97]]

最后结果　13　27　38　49　49′　65　76　97

快速排序的排序过程：

```
初始关键字：49  38  65  97  76  13  27  50
            ↑                            ↑
            i                            j
```

完成一趟排序：(27　38　13) 49 (76　97　65　50)

分别进行快速排序：(13) 27 (38) 49 (50　65) 76 (97)

快速排序结果：13　27　38　49　50　65　76　97

算法5.4

```
void Quick_Sort(datatype R[ ],int s,int t)
/*对R[s]到R[t]的元素进行排序*/
{
    if(s<t)
    {
        i=Partition(R,s,t);
        Quick_Sort(R,s,i-1);
        Quick_Sort(R,i+1,t);
    }
}
int Partition(datatype R[ ],int low,int high)
{
    R[0]=R[low];      /*暂存界点元素到R[0]中*/
    while(low<high)   /*从表的两端交替地向中间扫描*/
    {
        while(low<high && R[high].key>=R[0].key)
            high--;
        if(low<high)
        {
            R[low]=R[high];
            low++;
        }
        while(low<high && R[low].key<R[0].key)
            low++;
        if(low<high)
        {
            R[high]=R[low];
            high--;
        }
    }
    R[low]=R[0];      /*将界点元素放到其最终位置*/
    return low;    /*返回界点元素所在的位置*/
}
```

快速排序是递归的，需要有一个栈存放每层递归调用时的指针和参数。最大递归调用层次数与递归树的高度一致。理想情况为$[\log_2(n+1)]$；最坏情况即待排序对象序列已经按其排序码从小到大排好序的情况下，其递归树成为单支树，深度为n。因此，快速排序最好的空间复杂度为$o(\log_2 n)$，最坏的空间复杂度为$o(n)$（即快速排序所需用的辅助空间）。快速排序是一种不稳定的排序方法。

5.4 任务4：选择排序

5.4.1 子任务1：直接选择排序

直接选择排序的基本思想：将待排序的元素分为已排序（初始为空）和未排序两组，依次将未排序的元素中值最小的元素放入已排序的组中。

直接选择排序的基本过程为：

（1）在一组元素 R[i]到 R[n]中选择具有最小关键码的元素；

（2）若它不是这组元素中的第一个元素，则将它与这组元素中的第一个元素对调；

（3）除去具有最小关键字的元素，在剩下的元素中重复第（1）(2）步，直到剩余元素只有一个为止。

简单选择排序示例，如图 5.2 所示。

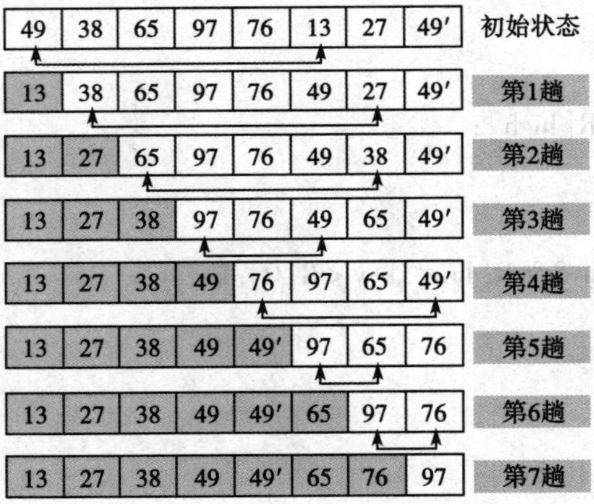

图 5.2

算法 5.5

```
Void Select - Sort( datatype R[ ],int n)
/ * 对 R[1]到 R[n]的元素进行排序 * /
{
    for( i = 1;i < n;i++ )
    {
        k = i;
        for( j = i + 1;j < = n;j++ )
            if( R[ j]. key < R[ k]. key)
```

```
            k=j;
        if(k!=i)
        {
            R[0]=R[k];
            R[k]=R[i];
            R[i]=R[0];
        }
    }
}
```

直接选择排序的效率分析：

由于在直接选择排序中存在着不相邻元素之间的互换，因此，直接选择排序是一种不稳定的排序方法，时间复杂度为 $o(n^2)$。

5.4.2 子任务2：堆排序

堆排序是简单选择排序的改进。用直接选择排序从 n 个记录中选出关键字值最小的记录要做 n-1 次比较，然后从其余 n-1 个记录中选出最小值要做 n-2 次比较。显然，相邻两趟中某些比较是重复的。为了避免重复比较，可以采用树形选择排序比较。

小顶堆和大顶堆示例：

序列{12，36，24，85，47，30，53，91} 满足

ki<=k2i；

ki<=k2i+1；(i=1，2，……，n/2)

为小顶堆，如图5.3(a)。

序列{96，83，27，11，9} 满足

ki>=k2i；

ki>=k2i+1；(i=1，2，……，n/2)

为大顶堆，如图5.3(b)。

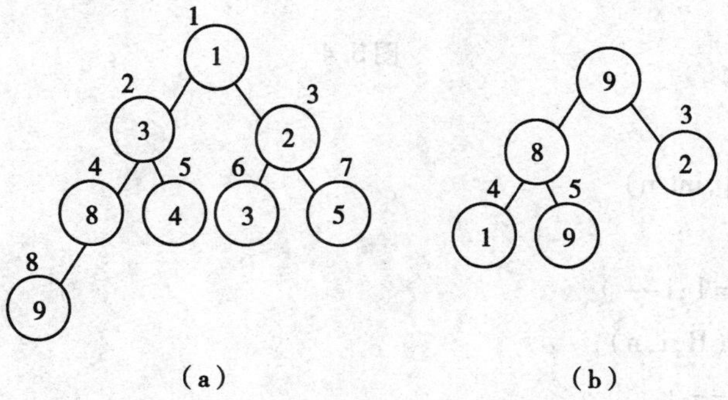

图5.3

堆排序的基本思想：

（1）**建初始堆**

将排序码 k1，k2，k3，…，kn 表示成一棵完全二叉树，然后从第⌊n/2⌋个排序码（即树的最后一个非终端结点）开始筛选，使由该结点作根结点组成的子二叉树符合堆的定义，然后从第 n/2 -1 个排序码重复刚才操作，直到第一个排序码止。这时候，该二叉树符合堆的定义，初始堆已经建立。

（2）**堆排序**

将堆中第一个结点（二叉树根结点）和最后一个结点的数据进行交换（k1 与 kn），再将 k1 ~ k(n-1)重新建堆，然后 k1 和 k(n-1)交换，再将 k1 ~ k(n-2)重新建堆，然后 k1 和 k(n-2)交换，如此重复下去，每次重新建堆的元素个数不断减 1，直到重新建堆的元素个数仅剩一个为止。这时堆排序已经完成，则排序码 k1，k2，k3，…，kn 已排成一个有序序列。

堆排序过程分为两大步骤：

① 根据初始输入数据形成初始堆；

② 通过一系列的元素交换和重新调整堆进行排序。

堆排序示例如图 5.4。

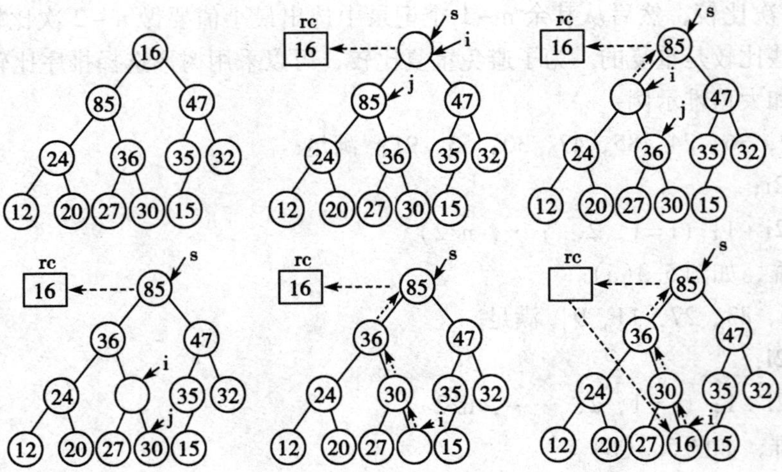

图 5.4

算法 5.6

```
void heapsort(int x[ ],int n)
{
    for(i = n/2;i > =1;i-- )
        HeapAdjust(R,i,n);
    for(i = n;i >1;i-- )
    {
        R[0] = R[1];
        R[1] = R[i];
        R[i] = R[0];
```

```
        HeapAdjust(R,1,i-1);
    }
}
void HeapAdjust(datatype R[ ],int s,int t)
{
    rc = R[s];      /*用 rc 暂存 R[S]*/
    i = s;
    j = 2 * i;
    while(j <= t)
    {
        if(j < t && R[j+1].key > R[j].key)
            j = j + 1;
        if(rc.key > R[j].key)
            break;
        else
        {
            R[i] = R[j];      /*j 号元素上移*/
            i = j;
            j = 2 * i;
        }
    }
    R[i] = rc;      /*将 rc 中的元素放到 R[i]中*/
}
```

堆排序的效率分析：在整个堆排序中，共需要进行 $n/2+n-1$ 次筛选运算，每次筛选运算进行双亲和孩子或兄弟结点的排序码的比较和移动次数都不会超过完全二叉树的深度 $\lfloor \log_2 n \rfloor+1$，所以，每次筛选运算的时间复杂度为 $o(\log_2 n)$，故整个堆排序过程的时间复杂度为 $o(n\log_2 n)$。堆排序是一种不稳定的排序方法。

5.5 任务5：

两路归并排序

两路归并排序的基本思想：将两个有序表合并成一个有序表。

例如，将下列两个已排序的顺序表合并成一个已排序表。顺序比较两者的相应元素，较小者移入另一表中，反复如此，直至其中任一表都移入另一表为止。

给定排序码 46，55，13，42，94，05，17，70，两路归并排序过程为：

初始状态：[46] [55] [13] [42] [94] [05] [17] [70]

一趟归并：[46 55] [13 42] [05 94] [17 70]

二趟归并：[13 42 46 55] [05 17 70 94]

三趟归并：[05 13 17 42 46 55 70 94]

算法 5.7

```
void MergeSort( datatype R[ ],int n)
/ * 对 R 进行两路归并结果仍在 R 中 * /
{
    int len = 1;
    while( len < n)
    {
        MergePass( R,R1,len,n);
        / * 一趟归并结果在 R1 中 * /
        for( i = 1;i < = n;i++ )
            R[ i] = R1[ i];
        / * 将 R1[1. . n]复制到 R[1. . n]中,为下一步操作做准备 * /
        len = 2 * len;
    }
}
```

一趟归并排序算法

```
void MergePass( datatype R[ ],datatype R1[ ],int len,int n)
/ * len 是本趟归并中有序表的长度,从 R[1. . n]归并到 R1[1. . n]中 * /
{
    for( i = 1;i + 2 * len - 1 < = n;i + 2 * len)
        Merge( R,R1,i,i + len - 1,i + 2 * len - 1);
    / * 对两个长度为 len 的有序表进行合并 * /
    if( i + len - 1 < n)
        Merge( R,R1,i,i + len - 1,n);
    / * 对剩下的两个有序表(后一个有序表长度小于 len)进行合并 * /
    else
        while( i < = n)
            R1[ i++ ] = R[ i++ ];      / * 将剩余的最后一个有序表复制到 R1 中 * /
}
```

两路归并排序的效率分析：

两路归并排序的时间复杂度为 o($n\log_2 n$)，两路归并排序是一种稳定的排序方法。

5.6　任务6：

提交项目报告

（1）子任务1：该项目的数据流分析。

（2）子任务2：该项目的数据存储表示。

（3）子任务3：算法设计。

（4）子任务4：实现该项目的功能及测试。

实训任务5

5-1　大多数排序算法都有两个基本的操作____________和____________。

5-2　在对一组记录（54，38，96，23，15，72，60，45，83）进行直接插入排序时，当把第7个记录60插入到有序表时，为寻找插入位置至少需比较____________次。

5-3　在插入和选择排序中，若初始数据基本正序，则选用____________；若初始数据基本反序，则选用____________。

5-4　在堆排序和快速排序中，若初始记录接近正序或反序，则选用____________；若初始记录基本无序，则最好选用____________。

5-5　对于n个记录的集合进行冒泡排序，在最坏的情况下所需要的时间是____________。若对其进行快速排序，在最坏的情况下所需要的时间是____________。

5-6　对于n个记录的集合进行归并排序，所需要的平均时间是____________，所需要的附加空间是____________。

5-7　设要将序列（Q，H，C，Y，P，A，M，S，R，D，F，X）中的关键码按字母序的升序重新排列，则：

冒泡排序一趟扫描的结果是________________________；

初始步长为4的希尔（shell）排序一趟的结果是________________________；

二路归并排序一趟扫描的结果是________________________；

快速排序一趟扫描的结果是________________________；

堆排序初始建堆的结果是________________________。

5-8　将5个不同的数据进行排序，至多需要比较（　　）次。

A. 8　　B. 9　　C. 10　　D. 25

5-9　排序方法中，从未排序序列中依次取出元素与已排序序列（初始时为空）中的元素进行比较，将其放入已排序序列的正确位置上的方法，称为（　　）。

A. 希尔排序　　B. 冒泡排序　　C. 插入排序　　D. 选择排序

5-10　排序方法中，从未排序序列中挑选元素，并将其依次插入已排序序列（初始时为空）的一端的方法，称为（　　）。

A. 希尔排序　B. 归并排序　C. 插入排序　D. 选择排序

5-11　对 n 个不同的排序码进行冒泡排序，在下列哪种情况下比较的次数最多。

A. 从小到大排列好的　B. 从大到小排列好的

C. 元素无序　D. 元素基本有序

5-12　对 n 个不同的排序码进行冒泡排序，在元素无序的情况下比较的次数为（　）。

A. n+1　B. n　C. n-1　D. n(n-1)/2

5-13　快速排序在下列哪种情况下最易发挥其长处？（　）

A. 被排序的数据中含有多个相同排序码

B. 被排序的数据已基本有序

C. 被排序的数据完全无序

D. 被排序的数据中的最大值和最小值相差悬殊

5-14　对有 n 个记录的表作快速排序，在最坏情况下，算法的时间复杂度是（　）。

A. o(n)　B. o(n2)　C. o(nlog2n)　D. o(n3)

5-15　若一组记录的排序码为（46，79，56，38，40，84），则利用快速排序的方法，以第一个记录为基准得到的一次划分结果为（　）。

A. 38，40，46，56，79，84　B. 40，38，46，79，56，84

C. 40，38，46，56，79，84　D. 40，38，46，84，56，79

5-16　用某种排序方法对线性表（25，84，21，47，15，27，68，35，20）进行排序时，元素序列的变化情况如下：

25，84，21，47，15，27，68，35，20→20，15，21，25，47，27，68，35，84→15，20，21，25，35，27，47，68，84→15，20，21，25，27，35，47，68，84，问采用的是什么排序方法？

5-17　对于整数序列 100，99，98，…，3，2，1，如果将它完全倒过来，分别用冒泡排序和快速排序法，它们的比较次数和交换次数各是多少？

学习情境6

电话号码查询系统的构建

“电话号码查询系统的构建”工作任务单

项目名称	电话号码查询系统		
学习领域	查找算法的使用		
班级		小组成员 第（ ）组	

一、目的

通过完成本工作任务，使学生能够根据用户需求合理选择数据结构，并能制定出合理的算法设计方案。

二、要求

1. 根据需求给出该项目的数据流分析；
2. 根据需求制定数据存储的表示；
3. 完成该项目的算法设计；
4. 实现该项目的具体功能及测试；
5. 提交项目成果。

三、环境要求

软件：Visual C++6.0

四、工作内容

实现简单的个人电话号码查询系统，根据用户输入的信息（如姓名，身份证号，电话号码，邮件地址等）进行快速查询。

基本要求：

插入：实现将用户的信息插入到系统中；

删除：删除某个用户的信息；

修改：修改某个用户的信息；

查询：根据姓名、身份证号等查询用户信息（包括简单条件查询，组合条件查询、模糊查询等）；

排序：对于用户信息进行排序，提高查询速度；

输出：输出用户信息。

提示：

（1）在内存中，设计数据结构存储电话号码的信息；在外存中，利用文件的形式来保存电话号码信息，系统运行时，将电话号码信息从文件调入内存来进行插入、查找等操作。

（2）如果数据的插入、删除频繁，可以考虑采取二叉排序树组织电话号码信息（也可采用较复杂的平衡二叉树），可以提高查找和维护的时间性能。

（3）选择不同的排序和查找算法，尽可能提高查找和维护性能。

6.1 任务1：

查找的基本概念

一、基本概念

1. 查找又称为查询或检索，是在一批记录中依照某个域的指定域值，找出相应的记录的操作。

2. 在计算机中，被查找的数据对象是由同一类型的记录构成的集合，可称之为查找表（Search Table）。

3. 在实际应用问题中，每个记录一般包含有多个数据域，查找是根据其中某一个指定的域进行的，这个作为查找依据的域称为关键字（Key）。

4. 对于给定的关键字的值，如果在表中经过查找能找到相应的记录，则称查找成功，一般可输出该记录的有关信息或指示该记录在查找表中的位置。若表中不存在相应的记录，则称查找不成功，此时应该给出不成功的信息。

5. 查找算法中的基本运算是记录的关键字与给定值所进行的比较，其执行时间通常取决于比较的次数。因此，通常以关键字与给定值进行比较的记录个数的平均值，作为衡量查找算法好坏的依据。

二、基本操作：

（1）查询某个“特定的”数据元素是否在查找表中；

（2）某个“特定的”数据元素的各种属性；

（3）在查找表中插入一个数据元素；

（4）从查找表中删去某个数据元素。

分类：

若对查找表只作（1）和（2）两种操作，则称此类查找表为静态查找表。

若在查找过程中同时插入查找表中不存在的数据元素，或者从查找表中删除已存在的某个数据元素，则称此类查找表为动态查找表。

6.2 任务2：

线性表的查找

6.2.1 子任务1：顺序查找

1. 顺序查找的基本思想

基本思想是：从表的一端开始，顺序扫描线性表，依次将扫描到的结点关键字和给定值K相比较。若当前扫描到的结点关键字与K相等，则查找成功；若扫描结束后，仍未找到关键字等于K的结点，则查找失败。

2. 顺序查找的存储结构要求

顺序查找方法既适用于线性表的顺序存储结构，也适用于线性表的链式存储结构（使用单链表作存储结构时，扫描必须从第一个结点开始）。

例：给定一组关键字进行顺序查找。如图6.1所示。

0	1	2	3	4	5	6	7
	10	20	40	80	30	60	25

（a）初态

0	1	2	3	4	5	6	7
80	10	20	40	80	30	65	25

（b）K=80（return i=4）

0	1	2	3	4	5	6	7
90	10	20	40	80	30	60	25

（c）K=90（return i=0）

图6.1 顺序查找

（1）类型说明

```
typedef struct
{
    KeyType key;
    InfoType otherinfo;       //此类型依赖于应用
}NodeType;
typedef NodeType SeqList[n+1];     //0号单元用作哨兵
```

（2）具体算法

算法6.1

```
int SeqSearch(Seqlist R,KeyType K)
{    //在顺序表R[1..n]中顺序查找关键字为K的结点,
    //成功时返回找到的结点位置,失败时返回0
    int i;
    R[0].key=K;     //设置哨兵
    for(i=n;R[i].key!=K;i--);     //从表后往前找
        return i;     //若i为0,表示查找失败,否则R[i]就是要找的结点
}//SeqSearch结束
```

（3）算法分析

① 算法中监视哨R[0]的作用

为了在for循环中省去判定防止下标越界的条件 $i \geq 1$，从而节省比较的时间。

② 成功时的顺序查找的平均查找长度：

在等概率情况下，$p_i=1/n(1 \leq i \leq n)$，故成功的平均查找长度为 $(n+\cdots+2+1)/n=(n+1)/2$ 即查找成功时的平均比较次数约为表长的一半。

若K值不在表中，则须进行 $n+1$ 次比较之后才能确定查找失败。

③ 表中各结点的查找概率并不相等的 ASL。

④ 顺序查找的优点

算法简单，且对表的结构无任何要求，无论是用向量还是用链表来存放结点，也无论结点之间是否按关键字有序，它都同样适用。

⑤ 顺序查找的缺点

查找效率低，因此，当 n 较大时不宜采用顺序查找。

6.2.2 子任务 2：折半查找

以有序表表示静态查找表时，Search 函数可用折半查找来实现。

1. 折半查找（Binary Search）

折半查找又称二分查找，它是一种效率较高的查找方法。

二分查找要求：线性表是有序表，即表中结点按关键字有序，并且要用向量作为表的存储结构。不妨设有序表是递增有序的。

2. 二分查找的基本思想

二分查找的基本思想是:（设 R[low..high]是当前的查找区间）

（1）首先确定该区间的中点位置：mid =（low + high）/2

（2）然后将待查的 K 值与 R [mid] .key 比较：若相等，则查找成功并返回此位置，否则须确定新的查找区间，继续二分查找，具体方法如下：

① 若 R[mid].key > K，则由表的有序性可知 R[mid..n].key 均大于 K，因此若表中存在关键字等于 K 的结点，则该结点必定是在位置 mid 左边的子表 R[1..mid - 1]中，故新的查找区间是左子表 R[1..mid - 1]。

② 类似地，若 R[mid].key < K，则要查找的 K 必在 mid 的右子表 R[mid + 1..n]中，即新的查找区间是右子表 R[mid + 1..n]。下一次查找是针对新的查找区间进行的。

因此，从初始的查找区间 R[1..n]开始，每经过一次与当前查找区间的中点位置上的结点关键字的比较，就可确定查找是否成功，不成功则当前的查找区间就缩小一半。这一过程重复直至找到关键字为 K 的结点，或者直至当前的查找区间为空(即查找失败)时为止。

例：给定一组关键字进行折半查找。

查找 23 和 79 的过程如图 6.2。

mid =（low + high）/2 不进位取整

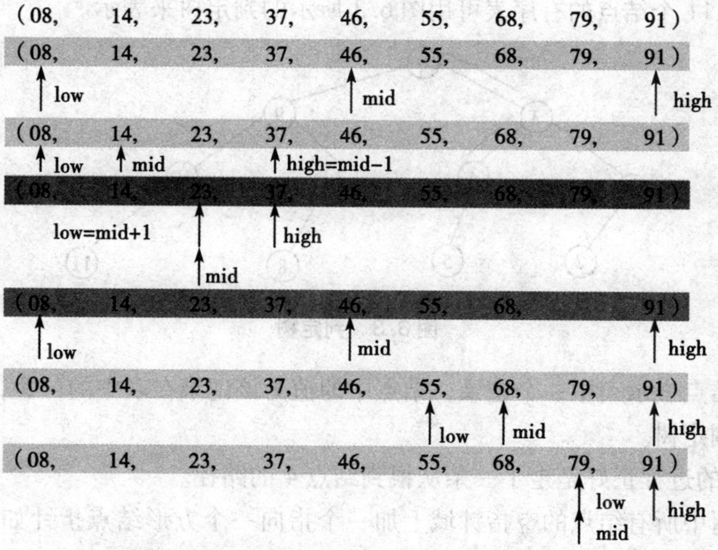

图 6.2　折半查找

算法实现：

算法 6.2

```
int Search_Bin(SSTable ST[ ],int n,int key)
{
    int low,high,mid;
    low = 1;high = n;
    while(low < =high)
    {
        mid = (low + high)/2;
        if(ST[mid]. key = = key)
            return(mid);        /＊查找成功＊/
        else if(key < ST[mid]. key)
            high = mid - 1;     /＊在前半区间继续查找＊/
        else
            low = mid + 1;      /＊在后半区间继续查找＊/
    }
    return(0);       /＊查找不成功＊/
}
```

3. 二分查找判定树

二分查找过程可用二叉树来描述：把当前查找区间的中间位置上的结点作为根，左子表和右子表中的结点分别作为根的左子树和右子树。由此得到的二叉树，称为描述二分查找的判定树（Decision Tree）或比较树（Comparison Tree）。

注意：判定树的形态只与表结点个数 n 相关，而与输入实例中 R[1..n]. key 的取值无关。

【例】具有 11 个结点的有序表可用图 6.3 所示的判定树来表示。

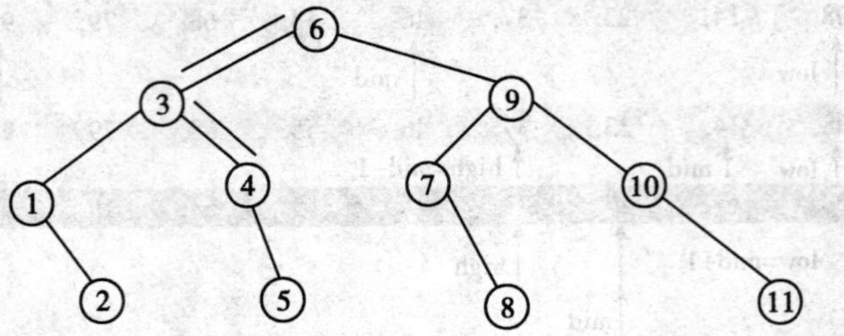

图 6.3　判定树

树中每个结点表示表中一个记录，结点中的值为该记录在表中的位置，这就是具有 11 个结点的二叉判定树。

要查找 21 的过程正好是走了一条从根到结点 4 的路径。

若在判定树中所有结点的空指针域上加一个指向一个方形结点指针如图 6.4，称这些方形结点为判定树的外部结点（与之对应，圆形结点称内部结点）。

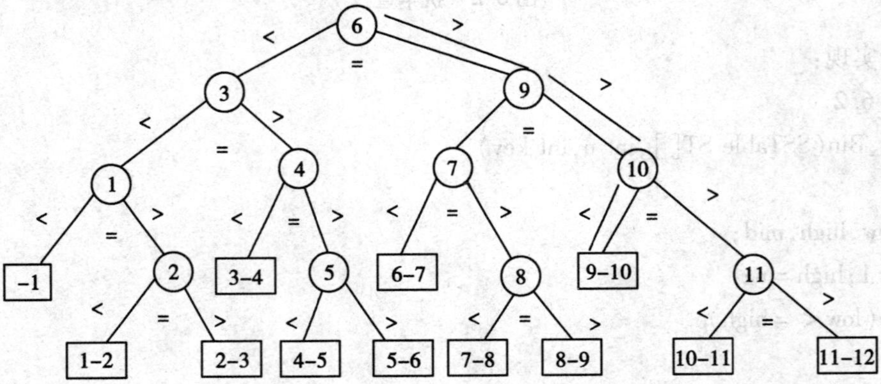

图 6.4　查找 85 的过程即为走了一条从根到外部结点 9 – 10 的路径

(1) 二分查找判定树的组成

① 圆结点即树中的内部结点。树中圆结点内的数字表示该结点在有序表中的位置。

② 外部结点：圆结点中的所有空指针均用一个虚拟的方形结点来取代，即外部结点。

③ 树中某结点 i 与其左（右）孩子结点连接的左（右）分支上的标记"<"、">"表示：当待查关键字 K < R[i].key（K > R[i].key）时，应走左（右）分支到达 i 的左（右）孩子，将该左（右）孩子结点的关键字进一步和 K 比较。若相等，则查找过程结束返回，否则继续将 K 与树中更下一层的结点比较。

(2) 二分查找判定树的查找

二分查找就是将给定值 K 与二分查找判定树的根结点的关键字进行比较。若相等，成功；若小于根结点的关键字，到左子树中查找；若大于根结点的关键字，则到右子树中查找。

(3) 二分查找的平均查找长度

设内部结点的总数为 $n = 2h - 1$，则判定树是深度为 $h = \lg(n+1)$ 的满二叉树（深度 h 不计外部结点）。树中第 k 层上的结点个数为 $2k - 1$，查找它们所需的比较次数是 k。因此在等概率假设下，二分查找成功时的平均查找长度为：$ASLbn \approx \lg(n+1)-1$。

二分查找在查找失败时所需比较的关键字个数不超过判定树的深度，在最坏情况下查找成功的比较次数也不超过判定树的深度，即为：$\lceil \lg(n+1) \rceil$，二分查找的最坏性能和平均性能相当接近。

二分查找的优点和缺点：

虽然二分查找的效率高，但是要将表按关键字排序，而排序本身是一种很费时的运算。即使采用高效率的排序方法也要花费 $o(n\lg n)$的时间。

二分查找只适用顺序存储结构。为保持表的有序性，在顺序结构里插入和删除都必须移动大量的结点。因此，二分查找特别适用于那种一经建立就很少改动、而又经常需要查找的线性表。

对那些查找少而又经常需要改动的线性表，可采用链表作存储结构，进行顺序查找。链表上无法实现二分查找。

6.2.3 子任务3：索引查找

分块查找（Blocking Search）又称索引顺序查找。它是一种性能介于顺序查找和二分查找之间的查找方法。

1. 分块查找的基本思想

分块查找的基本思想是：

（1）首先查找索引表，索引表是有序表，可采用二分查找或顺序查找，以确定待查的结点在哪一块。

（2）然后在已确定的块中进行顺序查找，于块内无序，只能用顺序查找。

2. 二分查找表存储结构

二分查找表由“分块有序”的线性表和索引表组成。

(1)“分块有序”的线性表

表 R[1..n]均分为 b 块，前 b-1 块中结点个数为 $s=\lceil n/b \rceil$，第 b 块的结点数小于等于 s；每一块中的关键字不一定有序，但前一块中的最大关键字必须小于后一块中的最小关键字，即表是“分块有序”的。

(2) 索引表

抽取各块中的最大关键字及其起始位置构成一个索引表 ID[l..b]，即：ID[i]($1 \leqslant i \leqslant b$）中存放第 i 块的最大关键字及该块在表 R 中的起始位置。由于表 R 是分块有序的，所以索引表是一个递增有序表。

【例】如图 6.5 所示就是满足上述要求的存储结构，其中 R 只有 18 个结点，被分成 3 块，每块中有 6 个结点，第一块中最大关键字 22 小于第二块中最小关键字 24，第二块中最大关键字 48 小于第三块中最小关键字 49。

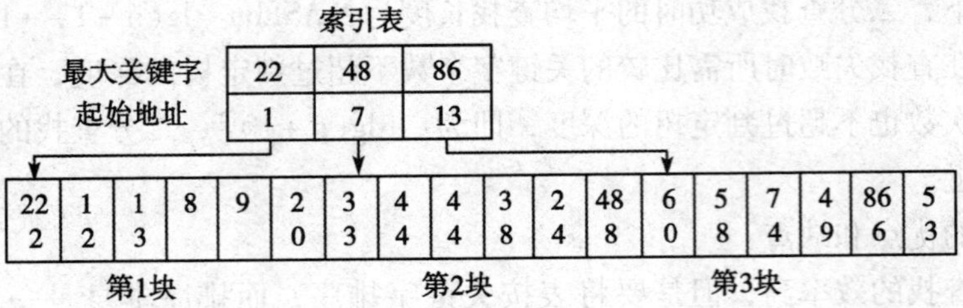

图 6.5　索引查找

3. 算法分析

(1) 平均查找长度 ASL

分块查找是两次查找过程。整个查找过程的平均查找长度是两次查找的平均查找长度之和。

① 以二分查找来确定块，分块查找成功时的平均查找长度：ASLblk = ASLbn + ASLsq ≈lg(b+1)－1+(s+1)/2≈lg(n/s+1)+s/2

② 以顺序查找确定块，分块查找成功时的平均查找长度：

ASL′blk = (b+1)/2 + (s+1)/2 = (s2+2s+n)/(2s)

注意：分块查找算法的效率介于顺序查找和二分查找之间。

(2) 块的大小

在实际应用中，分块查找不一定要将线性表分成大小相等的若干块，可根据表的特征进行分块。

【例】一个学校的学生登记表，可按系号或班号分块。

(3) 结点的存储结构

各块可放在不同的向量中，也可将每一块存放在一个单链表中。

(4) 分块查找的优点

① 在表中插入或删除一个记录时，只要找到该记录所属的块，就在该块内进行插入和删除运算。

② 因块内记录的存放是任意的，所以插入或删除比较容易，无须移动大量记录。分块查找的主要代价是增加一个辅助数组的存储空间和将初始表分块排序的运算。

6.2.4　子任务4：二叉排序树

1. 二叉排序树的定义

二叉排序树（Binary Sort Tree）又称二叉查找（搜索）树（Binary Search Tree）。其定义为：二叉排序树或者是空树，或者是满足如下性质的二叉树：

若它的左子树非空，则左子树上所有结点的值均小于根结点的值；

若它的右子树非空，则右子树上所有结点的值均大于根结点的值；

左、右子树本身又各是一棵二叉排序树。

上述性质简称二叉排序树性质（BST 性质），故二叉排序树实际上是满足 BST 性质的二叉树。

2. 二叉排序树的特点

由 BST 性质可得：

（1）二叉排序树中任一结点 x，其左（右）子树中任一结点 y（若存在）的关键字必小（大）于 x 的关键字。

（2）二叉排序树中，各结点关键字是唯一的。

注意：实际应用中，不能保证被查找的数据集中各元素的关键字互不相同，所以可将二叉排序树定义中 BST 性质（1）里的“小于”改为“小于等于”，或将 BST 性质（2）里的“大于”改为“大于等于"，甚至可同时修改这两个性质。

（3）按中序遍历该树所得到的中序序列是一个递增有序序列。

【例】 两棵二叉排序树，如图 6.6 所示。

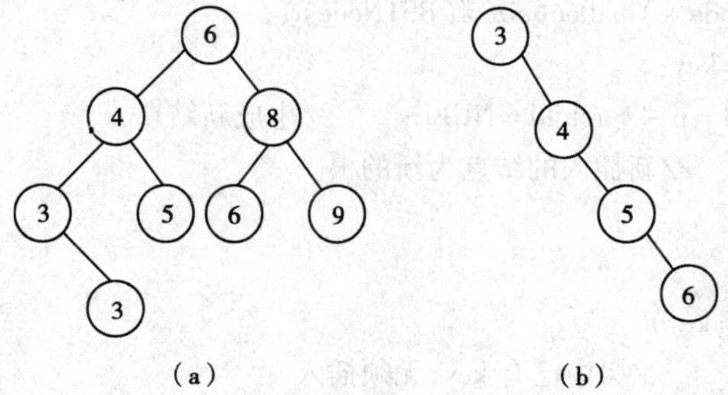

图 6.6　二叉排序树

对图 6.6（a）所示的二叉排序树进行中序遍历得到的结果是 30，36，40，50，60，68，80，98；对图 6.6（b）所示的二叉排序树进行中序遍历的结果为 30，40，50，60。

3. 二叉排序树的存储结构

```
typedef int KeyType;      //假定关键字类型为整数
typedef struct node
{     //结点类型
    KeyType key;   //关键字项
    InfoType otherinfo;      //其他数据域,InfoType 视应用情况而定,下面不处理它
    struct node * lchild, * rchild;      //左(右)孩子指针
}BSTNode;
typedef BSTNode * BSTree;      //BSTree 是二叉排序树的类型
```

4. 二叉排序树上的运算

（1）二叉排序树的插入和生成

① 二叉排序树插入新结点的过程

在二叉排序树中插入新结点，要保证插入后仍满足 BST 性质。其插入过程是：

（a）若二叉排序树 T 为空，则为待插入的关键字 key 申请一个新结点，并令其为根；

（b）若二叉排序树 T 不为空，则将 key 和根的关键字比较：

（Ⅰ）若二者相等，则说明树中已有此关键字 key，无须插入。

（Ⅱ）若 key < T→key，则将 key 插入根的左子树中。

（Ⅲ）若 key > T→key，则将它插入根的右子树中。

子树中的插入过程与上述的树中插入过程相同。如此进行下去，直到将 key 作为一个新的叶结点的关键字插入到二叉排序树中，或者直到发现树中已有此关键字为止。

② 二叉排序树插入新结点的递归算法

算法 6.3

```
Status InsertBST1(BSTree * Tptr,KeyType key)
{  //若二叉排序树 * Tptr 中没有关键字为 key,则插入,否则直接返回
   BSTNode * p = * TPtr;    //p 的初值指向根结点
   if(!p)
   {
      p = (BSTNode * )malloc(sizeof(BSTNode));
      p - > key = key;
      p - > lchild = p - > rchild = NULL;    //生成新结点
      Tptr = p;    //新插入的结点为新的根
      return OK;
   }
   if(p - > key = = key)
      return OK;    //树中已有 key,无须插入
   else if(key < p - > key)
      InsertBST1(p - > lchild,key);    //插入到左子树中
   else
      InsertBST1(p - > rchild,key);    //插入到右子树中
}//InsertBST1 结束
```

③ 二叉排序树插入新结点的非递归算法

算法 6.4

```
void InsertBST2(BSTree  * Tptr,KeyType key)
{     //若二叉排序树 * Tptr 中没有关键字为 key,则插入,否则直接返回
   BSTNode * f, * p = * TPtr;    //p 的初值指向根结点
   while(p)
   {     //查找插入位置
      if(p - > key = = key)
         return;    //树中已有 key,无须插入
      f = p;    //f 保存当前查找的结点
      p = (key < p - > key)p - > lchild:p - > rchild;
      //若 key < p - > key,则在左子树中查找,否则在右子树中查找
   }//endwhile 结束
}
```

④ 二叉排序树的生成

二叉排序树的生成，是从空的二叉排序树开始，每输入一个结点数据，就调用一次插

入算法将它插入到当前已生成的二叉排序树中。生成二叉排序树的算法如下：

算法 6.5

```
BSTree CreateBST(void)
{    //输入一个结点序列,建立一棵二叉排序树,将根结点指针返回
    BSTree T = NULL;    //初始时 T 为空树
    KeyType key;
    scanf("%d",&key);    //读入一个关键字
    while(key)
    {    //假设 key = 0 是输入结束标志
        InsertBST(&T,key);    //将 key 插入二叉排序树 T
        scanf("%d",&key);    //读入下一关键字
    }
    return T;    //返回建立的二叉排序树的根指针
}//BSTree 结束
p = (BSTNode *)malloc(sizeof(BSTNode));
p->key = key;p->lchild = p->rchild = NULL;    //生成新结点
if(TPtr == NULL)    //原树为空
Tptr = p;    //新插入的结点为新的根
//原树非空时将新结点 p 作为 f 的左孩子或右孩子结点插入
else if(key < f->key)
    f->lchild = p;
else f->rchild = p;
}//InsertBST2 结束
```

（2）二叉排序树的删除

从二叉排序树中删除一个结点，不能把以该结点为根的子树都删去，并且还要保证删除后所得的二叉树仍然满足 BST 性质。

① 删除操作的一般步骤

Ⅰ进行查找。

查找时，令 p 指向当前访问到的结点，parent 指向其双亲（其初值为 NULL）。若树中找不到被删结点则返回，否则被删结点是 * p。

Ⅱ删去 * p。

删 * p 时，应将 * p 的子树（若有）仍连接在树上且保持 BST 性质不变。按 * p 的孩子结点数目分三种情况进行处理。

② 删除 * p 结点的三种情况

Ⅰ * p 是叶子（即它的孩子结点数为 0）。

无须连接 * p 的子树，只需将 * p 的双亲 * parent 中指向 * p 的指针域置空即可。

Ⅱ * p 只有一个孩子 * child，只需将 * child 和 * p 的双亲直接连接，即可删去 * p。

Ⅲ二叉排序树上的查找。

查找递归算法：

在二叉排序树上进行查找，和二分查找类似，也是一个逐步缩小查找范围的过程。递归的查找算法：

算法6.6

```
BSTNode * SearchBST (BSTree T, KeyType key)
{//在二叉排序树T上查找关键字为key的结点，成功时返回该结点位置，否则返回Null
    if (T = = NULL || key = = T - >key)      //递归的终结条件
        return T;      //T为空，查找失败；否则成功，返回找到的结点位置
    if (key < T - >key)
        return SearchBST (T - >lchild, key);
    else
        return SearchBST (T - >rchild, key);      //继续在右子树中查找
} //SearchBST
```

算法分析：

在二叉排序树上进行查找时，若查找成功，则是从根结点出发走了一条从根到待查结点的路径；若查找不成功，则是从根结点出发走了一条从根到某个叶子的路径。

6.3 任务3：

哈希表

6.3.1 子任务1：哈希表的构建

一、哈希表的基本概念

1. 哈希表（也称散列表）有关概念

设所有可能出现的关键字集合记为U（简称全集）。实际发生（即实际存储）的关键字集合记为K（|K|比|U|小得多）。

散列方法是使用函数h将U映射到表T［0..m-1］的下标上。这样以U中关键字为自变量，以h为函数的运算结果就是相应结点的存储地址。从而达到在o(1)时间内就可完成查找。

其中：

①h：U→{0，1，2，…，m-1}，通常称h为散列（哈希）函数（Hash Function）。散列函数h的作用是压缩待处理的下标范围，使待处理的|U|个值减少到m个值，从而降低空间开销。

②T为散列表（Hash Table哈希表）。

③h(Ki)(Ki∈U)是关键字为Ki结点的存储地址（亦称散列值或哈希地址）。

④将结点按其关键字的散列地址存储到散列表中的过程称为散列（Hashing）

2. 哈希表：是根据哈希函数建立的表，其基本思想是：以记录的关键字值为自变量，根据哈希函数，计算出对应的哈希地址，并在此存储该记录的内容。当对记录进行查找时，再根据给定的关键字值，用同一个哈希函数计算出给定关键字值对应的存储地址，随后进行访问。所以哈希表即是一种存储形式，又是一种查找方法，通常将这种查找方法称为哈希查找。

3. 哈希表的冲突现象

(1) 冲突

两个不同的关键字，由于哈希函数值相同，因而被映射到同一表位置上。该现象称为冲突（Collision）或碰撞。发生冲突的两个关键字称为该哈希函数的同义词（Synonym）。

(2) 安全避免冲突的条件

最理想的解决冲突的方法是安全避免冲突。要做到这一点必须满足两个条件：

① $|U| \leq m$。

② 选择合适的散列函数。

这只适用于 $|U|$ 较小，且关键字均事先已知的情况，此时经过精心设计散列函数 h 有可能完全避免冲突。

(3) 冲突不可能完全避免

通常情况下，h 是一个压缩映像。虽然 $|K| \leq m$，但 $|U| > m$，故无论怎样设计 h，也不可能完全避免冲突。因此，只能在设计 h 时尽可能使冲突最少。同时还需要确定解决冲突的方法，使发生冲突的同义词能够存储到表中。

(4) 影响冲突的因素

冲突的频繁程度除了与 h 相关外，还与表的填满程度相关。

设 m 和 n 分别表示表长和表中填入的结点数，则将 $\alpha = n/m$ 定义为哈希表的装填因子（Load Factor）。α 越大，表越满，冲突的机会也越大，通常取 $\alpha \leq 1$。

二、哈希表的构造

1. 建立哈希表

建立哈希表，关键是构造哈希函数。其原则是尽可能地使任意一组关键字的哈希地址均匀地分布在整个地址空间中，即用任意关键字作为哈希函数的自变量其计算结果随机分布，以便减少冲突发生的可能性。

哈希函数的选择有两条标准：简单和均匀。

简单指哈希函数的计算简单快速；

均匀指对于关键字集合中的任一关键字，散列函数能以等概率将其映射到表空间的任何一个位置上。也就是说，哈希函数能将子集 K 随机均匀地分布在表的地址集 $\{0, 1, \cdots, m-1\}$ 上，以使冲突最小化。

2. 常用哈希函数

为简单起见，假定关键字是定义在自然数集合上。

(1) 直接定址法

取关键字或关键字的某个线性函数为哈希地址。即

$H(key) = key$ 或 $H(key) = a * key + b$

其中 a，b 为常数，调整 a 与 b 的值可以使哈希地址取值范围与存储空间范围一致。

例：我校历年的学生人数统计表见表 6.1，关键字是年份，哈希函数取关键字加一个常数：

表 6.1　　　　H(key) = key + (-1984)

地址 01	02	03	……	18	19	20	21
年份 1985	1986	1987		2002	2003	2004	2005
人数 1000	1500	1800		15000	18500	25000	30000

(2) 平方取中法

具体方法：先通过求关键字的平方值扩大相近数的差别，然后根据表长度取中间的几位数作为哈希函数值。又因为一个乘积的中间几位数和乘数的每一位都相关，所以由此产生的哈希地址较为均匀。

【例】将一组关键字（0100，0110，1010，1001，0111）平方后得

（0010000，0012100，1020100，1002001，0012321）

若取表长为 1000，则可取中间的三位数作为哈希地址集：

（100，121，201，020，123）。

相应的哈希函数用 C 实现很简单：

```
int Hash (int key)
{   //假设 key 是 4 位整数
    key * = key;
    key/ = 100;         //先求平方值，后去掉末尾的两位数
    return key%1000;        //取中间三位数作为哈希地址返回
}
```

(3) 除余法

该方法是最为简单常用的一种方法。它是以表长 m 来除关键字，取其余数作为散列地址，即 h(key) = key% m。

该方法的关键是选取 m。选取的 m 应使得哈希函数值尽可能与关键字的各位相关。m 最好为素数。

【例】若选 m 是关键字的基数的幂次，则就等于是选择关键字的最后若干位数字作为地址，而与高位无关。于是高位不同而低位相同的关键字均互为同义词。

【例】若关键字是十进制整数，其基为 10，则当 m = 100 时，159，259，359 等均互为同义词。

(4) 相乘取整法

该方法包括两个步骤：首先用关键字 key 乘上某个常数 A（$0 < A < 1$），并抽取出 key. A 的小数部分；然后用 m 乘以该小数后取整。即：

$$h(key) = [m(key.A - [key.A])]$$

该方法最大的优点是选取 m 不再像除余法那样关键。比如，完全可选择它是 2 的整数次幂。虽然该方法对任何 A 的值都适用，但对某些值效果会更好。Knuth 建议选取

$$A \approx (\sqrt{5} - 1) = 0.6180339887\cdots\cdots$$

该函数的 C 代码为：

```
int Hash(int key)
{
    double d = key * A;      //不妨设 A 和 m 已有定义
    return(int)(m * (d - (int)d));   //(int)表示强制转换后面的表达式为整数
}
```

(5) 随机数法

选择一个随机函数，取关键字的随机函数值为它的散列地址，即

$$h(key) = random(key)$$

其中 random 为随机函数，但要保证函数值是在 0 到 m - 1 之间。

(6) 折叠法

把关键字折叠成位数相同的几部分，然后取这几部分的叠加作为哈希地址。在关键字位数较多，且每一位上数字的分布基本均匀时，采用折叠法，得到的哈希地址比较均匀。

6.3.2 子任务2：哈希表处理冲突的方法

通常有两类方法处理冲突：开放定址（Open Addressing）法和拉链（Chaining）法。前者是将所有结点均存放在散列表 T[0..m-1] 中；后者通常是将互为同义词的结点链成一个单链表，而将此链表的头指针放在散列表 T[0..m-1] 中。

1. 开放定址法

(1) 开放定址法解决冲突的方法

用开放定址法解决冲突的做法是：当冲突发生时，使用某种探查（亦称探测）技术在哈希表中形成一个探查（测）序列。沿此序列逐个单元地查找，直到找到给定的关键字，或者碰到一个开放的地址（即该地址单元为空）为止（若要插入，在探查到开放的地址，则可将待插入的新结点存入该地址单元）。查找时探查到开放的地址则表明表中无待查的关键字，即查找失败。

注意：

① 用开放定址法建立哈希表时，建表前须将表中所有单元（更严格地说，是指单元中存储的关键字）置空。

② 空单元的表示与具体的应用相关。

【例】关键字均为非负数时，可用“-1”来表示空单元，而关键字为字符串时，空单元应是空串。

总之，应该用一个不会出现的关键字来表示空单元。

(2) 开放定址法的一般形式

开放定址法的一般形式为：$hi = (h(key) + di) \% m$，$1 \leqslant i \leqslant m-1$

其中：

① h(key)为哈希函数，di 为增量序列，m 为表长。

② h(key)是初始的探查位置，后续的探查位置依次是 h1，h2，…，hm-1，即 h(key)，h1，h2，…，hm-1 形成了一个探查序列。

③ 若令开放定址一般形式的 i 从 0 开始，并令 $d_0 = 0$，则 $h_0 = h(key)$，则有：

$$hi = (h(key) + di) \% m,\ 0 \leqslant i \leqslant m-1$$

探查序列可简记为 $hi(0 \leqslant i \leqslant m-1)$。

(3) 开放定址法对装填因子的要求

开放定址法要求哈希表的装填因子 $\alpha \leqslant 1$，实用中取 α 为 0.5 到 0.9 之间的某个值为宜。

(4) 形成探测序列的方法

按照形成探查序列的方法不同，可将开放定址法区分为线性探查法、二次探查法、双重散列法等。

① 线性探查法（Linear Probing）

该方法的基本思想是：

将哈希表 T[0..m-1] 看成是一个循环向量，若初始探查的地址为 d（即 h(key) = d)，则最长的探查序列为：

$$d,\ d+1,\ d+2,\ \cdots,\ m-1,\ 0,\ 1,\ \cdots,\ d-1$$

即：探查时从地址 d 开始，首先探查 T[d]，然后依次探查 T[d+1]，…，直到 T[m-1]，此后又循环到 T[0]，T[1]，…，直到探查到 T[d-1]为止。

探查过程终止于三种情况：

(1) 若当前探查的单元为空，则表示查找失败（若是插入则将 key 写入其中）；

(2) 若当前探查的单元中含有 key，则查找成功，但对于插入意味着失败；

(3) 若探查到 T[d-1]时仍未发现空单元也未找到 key，则无论是查找还是插入均意味着失败（此时表满）。

利用开放地址法的一般形式，线性探查法的探查序列为：

$$hi = (h(key) + i) \% m \quad 0 \leqslant i \leqslant m-1 \quad //即\ di = i$$

② 二次探查法（Quadratic Probing）

二次探查法的探查序列是：

$$hi = (h(key) + i * i) \% m \quad 0 \leqslant i \leqslant m-1 \quad //即\ di = i2$$

即探查序列为 d = h(key)，d + 12，d + 22 等。

该方法的缺陷是不易探查到整个散列空间。

③ 双重散列法（Double Hashing）

该方法是开放定址法中最好的方法之一，它的探查序列是：

$$hi = (h(key) + i * h1(key)) \% m \quad 0 \leqslant i \leqslant m-1 \quad //即\ di = i * h1(key)$$

即探查序列为：

$$d = h(key),\ (d + h1(key)) \% m,\ (d + 2h1(key)) \% m\ 等。$$

该方法使用了两个散列函数 h(key) 和 h1(key)，故也称为双散列函数探查法。

例：设有一组关键字{19, 01, 23, 14, 55, 20, 84, 27, 68, 11, 10, 77}，采用哈希函数：H(k) = k mod 13。采用开放地址的线性探测法解决冲突，试在 0～18 的散列地址空间中，对该关键字序列构造散列表。

依题意 m = 19，得到线性探测法对应的探查地址序列计算公式为：

$$di = (H(k) + j) \bmod 19;\ j = 1,\ 2,\ \cdots\cdots,\ 18$$

其计算函数如下：

H(19) = 19 mod 13 = 6

H(01) = 01 mod 13 = 1

6.4 任务4：

提交项目报告

（1）子任务1：该项目的数据流分析。

（2）子任务2：该项目的数据存储表示。

（3）子任务3：算法设计。

（4）子任务4：实现该项目的功能及测试。

实训任务6

6-1 若查找每个记录的概率均等，则在具有 n 个记录的连续顺序文件中采用顺序查找法查找一个记录，其平均查找长度 ASL 为（　　）。

A. (n－1)/2　　B. n/2　　C. (n＋1)/2　　D. n

6-2 用二分（对半）查找表的元素的速度比用顺序法（　　）。

A. 必然快　　B. 必然慢　　C. 相等　　D. 不能确定

6-3 将 10 个元素散列到 100000 个单元的哈希表中，则（　　）产生冲突。

A. 一定会　　B. 一定不会　　C. 仍可能会

6-4 下列内部排序算法中：

A. 快速排序　　B. 直接插入排序　　C. 两路归并排序

D. 简单选择排序　　E. 起泡排序　　F. 堆排序

（1）其比较次数与序列初态无关的算法是（　　）。

（2）在初始序列已基本有序（除去 n 个元素中的某 k 个元素后即呈有序，$k \leq n$）的情况下，排序效率最高的算法是（　　）。

（3）排序的平均时间复杂度为 $o(n \cdot \log_2 n)$ 的算法是（　　），为 $o(n^2)$ 的算法是（　　）。

6-5 下列序列中，（　　）是执行第一趟快速排序后所得的序列。

A. [68，11，18，69] [23，93，73]　　B. [68，11，69，23] [18，93，73]

C. [93，73] [68，11，69，23，18]　　D. [68，11，69，23，18] [93，73]

6-6 下列四个序列中，哪一个是堆（　　）。

A. 75，65，30，15，25，45，20，10　　B. 75，65，45，10，30，25，20，15

C. 75，45，65，30，15，25，20，10　　D. 75，45，65，10，25，30，20，15

6-7 在有序表 A [1..20] 中，按二分查找方法进行查找，查找长度为 5 的元素个数是________。

6-8 哈希表是通过将查找码按选定的____________和____________，把结点按查找码转换为地址进行存储的线性表。哈希方法的关键是____________和____________。一个好的哈希函数其转换地址应尽可能，而且函数运算应尽可能。

6-9 分块检索中，若索引表和各块内均用顺序查找，则有 900 个元素的线性表分成________块最好：若分成 25 块，其平均查找长度为____________。

6-10 设用希尔排序对数组{98，36，-9，0，47，23，1，8，10，7}进行排序，给出的步长(也称增量序列)依次是 4，2，1 则排序需________趟，写出第一趟结束后，数组中数据的排列次序____________________________。

6-11 设哈希（Hash）表的地址范围为 0～17，哈希函数为：H(K) = K mod 16，K 为关键字，用线性探测再散列法处理冲突，输入关键字序列：（10，24，32，17，31，30，46，47，40，63，49)造出哈希表，试回答下列问题：

（1）画出哈希表示意图。

（2）若查找关键字 63，需要依次与哪些关键字比较?

（3）若查找关键字 60，需要依次与哪些关键字比较?

（4）假定每个关键字的查找概率相等，求查找成功时的平均查找长度。

6-12 输入一个正整数序列(53，17，12，66，58，70，87，25，56，60）试完成下列各题。

（1）按顺序构造一棵二叉排序树 BS。

（2）依此二叉排序树，如何得到一个从大到小的有序序列？画出在此二叉排序树中删除“66”后的树结构。

6-13 给出一组关键字：（29，18，25，47，58，12，51，10）分别写出按下列各种排序方法进行排序时的变化过程：

（1）归并排序 每归并一次书写一个次序。

（2）快速排序 每划分一次书写一个次序。

（3）堆排序 先建成一个堆，然后每从堆顶取下一个元素后，将堆调整一次。